KB077480

# 김대석 셰프의
# 집밥 레시피
## — 2 —

**김대석 셰프의 집밥 레시피 2**

**초판 1쇄 발행** 2024년 7월 3일
**초판 3쇄 발행** 2024년 10월 25일

**지은이** 김대석

**발행인** 장상진
**발행처** (주)경향비피
**등록번호** 제2012-000228호
**등록일자** 2012년 7월 2일

**주소** 서울시 영등포구 양평동 2가 37-1번지 동아프라임밸리 507-508호
**전화** 1644-5613 | **팩스** 02) 304-5613



**ISBN** 978-89-6952-588-8 13590

- 값은 표지에 있습니다.
- 파본은 구입하신 서점에서 바꿔드립니다.

# 김대석 셰프의
# 집밥 레시피 2

김대석 지음

경향BP

## 프롤로그

안녕하세요.

요리하는 것이 즐거워 마음이 따뜻한 남자 김대석 셰프입니다. 전남 여수시 돌산에서 태어나 19살이 되는 해에 무작정 상경한 뒤로 벌써 37년이 지났습니다. 서울 서초구 양재동 배나무골 오리집에서 설거지부터 시작하여 총괄 점장까지 경험한 후 무등산 왕돌구이집을 직접 운영했습니다.

제가 그동안 배우고 터득한 요리 노하우와 실전 레시피를 여러 사람과 공유하고 싶어서 새로운 플랫폼인 유튜브에 올린 이후로 저에게는 많은 변화가 있었습니다. 오랫동안 고민하고 연구한 요리 레시피를 소개하는 영상을 업로드했을 때 구독자분들이 해 주셨던 감사 인사들은 요리에 대한 저의 열정이 식지 않게 해 주는 원동력이 되었습니다. 그동안 애청해 주신 모든 분께 무한한 감사의 말씀을 드립니다.

모든 메뉴를 요리책 한 권에 담을 수 없기에 『김대석 셰프의 집밥 레시피 1』에 이어 두 번째 책을 출간하게 되었습니다.

이 책은 가정과 음식점에서 '더 맛있는 한 끼 식사'를 하는 데 도움이 되는 레시피를 담았습니다. 단순히 쉽고 빠르게 만드는 것에 초점을 두기보다 익히 알고 있는 한식을 더 맛있게 만드는 노하우를 알려 주는 것에 중점을 두었습니다. 또한 사진과 글만으로 명확하게 조리 과정을 알 수 없을 때, 레시피 상단의 QR코드를 통해 영상으로 자세하게 확인할 수 있게 하였습니다.

이 책이 여러분의 식생활 개선에 도움이 되기를 바랍니다.

감사합니다.

김대석

# 차례


프롤로그 4

요리를 시작하기 전에 읽어 주세요! 10

## 반찬


1 시금치나물 12

2 숙주나물 14

3 팽이부추나물 16

4 어묵볶음 18

5 미역줄기볶음 20

6 황태채볶음 22

7 오징어볶음 24

8 새송이소고기볶음 26

9 상추장아찌 28

10 머위장아찌 30

11 고추장두릅장아찌 32

12 고추채장아찌 34

13 김 양념장 36

14 달래장 37

15 멸치고추다짐장 38

16 우렁강된장 40

17 간장게장 42

18 참치감자조림 44

19 갈치조림 46

20 두부조림 48

21 깻잎순두부찜 50

22 급식달걀찜 52

23 깻잎달걀찜 54

24 애호박전 55

25 두부감자전 56

26 김전 58

27 굴전 60

28 고깃집 양파 소스 62

29 고깃집 국물파절이 64

30 오이무침 66

31 고구마순무침 68

32 흑임자연근무침 70

33 오이고추된장무침 72

# 국 / 찌개

1 꽃게탕 74
2 소고기김치찌개 76
3 참치김치찌개 78
4 돼지고기짜글이 80
5 호박찌개 82
6 소고기국밥 84
7 고깃집 된장찌개 86
8 쑥된장국 88
9 소고기미역국 90
10 달걀국 92
11 홍합탕 94
12 어묵탕 96
13 굴국밥 98

# 김치

1 깍두기 102
2 무김치 104
3 가을무생채 106
4 배추겉절이 108
5 초롱무알타리김치 110
6 얼갈이열무김치 112
7 대파김치 114
8 쪽파김치 116
9 깻잎김치 118
10 얼갈이물김치 120
11 얼갈이열무물김치 122
12 알배추물김치 124
13 봄동물김치 126
14 봄 물김치 128
15 초롱무물김치 130
16 겨울 동치미 132
17 옛날 오이지 134
18 오이소박이 136

# 명절 요리


1 동지팔죽 140

2 약밥 142

3 송편 144

4 단호박식혜 146

5 들깨강정 148

6 소고기떡국 150

7 굴떡국 152

8 동그랑땡 154

9 소고기산적 156

# 특식


1 밀푀유나베 160
2 닭백숙 162
3 오리백숙 164
4 오리주물럭 166
5 고기채소찜 168
6 김치만두 170
7 김치수제비 172
8 비빔냉면 174
9 비빔국수 176
10 멸치국수 178
11 골뱅이소면 180
12 차돌짬뽕 182
13 국물떡볶이 184
14 떡갈비 186
15 볶음춘장 188
16 짜장면 190
17 달걀볶음밥 192
18 오이김밥 194
19 카레라이스 196
20 단호박죽 198
21 도토리묵 200
22 도토리빵 202
23 녹두빈대떡 204
24 매실청 206
25 고추장 208
26 삶은 감자 210
27 당근 주스 212

# 요리를 시작하기 전에 읽어 주세요!

**계량**

스푼 - 가정에 흔히 있는 어른용 밥숟가락보다 약간 큽니다.

- **깎아서 0스푼** - 숟가락에 수북하게 쌓지 않고 수평으로 깎아서 계량합니다.

컵 - 200mL짜리 계량컵입니다.

- 종이컵으로는 가득 채운 1컵 기준입니다.
- **컵 7부** - 200mL짜리 계량컵의 70% 정도입니다.(컵 8부 = 80%)

크기 - 사과, 양파, 배, 당근 등은 중간 사이즈가 기준입니다.(크기에 맞게 조절해 주세요.)

1줌 - 성인 남자 손으로 가볍게 잡은 정도를 기준으로 합니다.

1꼬집 - 엄지손가락과 검지손가락 끝으로 가볍게 잡은 정도를 기준으로 합니다.

**간**

항상 요리를 완성한 후 취향에 맞게 간을 조절해 주세요.

**믹서기 사용**

믹서기를 사용하기 전에 항상 잘 갈리도록 재료를 적당한 크기로 썰어 주세요.

**불 조절**

불 조절은 요리에서 정말 중요한 부분 중 하나입니다. 내용에서 불 조절에 대한 별다른 언급이 없을 때는 '중불'로 하되 조리 상태에 따라 능동적으로 조절하면 됩니다.

- 팬에 눌어붙을 수 있는 요리는 꼭 약불로 해 주세요.

# 반찬

- □ 시금치나물
- □ 숙주나물
- □ 팽이부추나물
- □ 어묵볶음
- □ 미역줄기볶음
- □ 황태채볶음
- □ 오징어볶음
- □ 새송이소고기볶음
- □ 상추장아찌
- □ 머위장아찌
- □ 고추장두릅장아찌
- □ 고추채장아찌
- □ 김 양념장
- □ 달래장
- □ 멸치고추다짐장
- □ 우렁강된장
- □ 간장게장
- □ 참치감자조림
- □ 갈치조림
- □ 두부조림
- □ 깻잎순두부찜
- □ 급식달걀찜
- □ 깻잎달걀찜
- □ 애호박전
- □ 두부감자전
- □ 김전
- □ 굴전
- □ 고깃집 양파 소스
- □ 고깃집 국물파절이
- □ 오이무침
- □ 고구마순무침
- □ 흑임자연근무침
- □ 오이고추된장무침

# 01 시금치나물

미리 준비하기 양파 ½개를 채 썰어 주세요.

재료

- 시금치 1단(400g)
- 천일염 1스푼
- 양파 ½개
- 다진 마늘 ½스푼
- 국간장 1스푼
- 소금 ¼스푼
- 참기름 1스푼
- 통깨 1스푼

**시금치 손질하기** 시금치 1단(400g)의 뿌리 끝부분 흙을 칼로 긁어내고 4등분으로 나누어 주세요.

**point**_ 시금치나물은 뿌리가 있어야 달달하고 맛있습니다. 4등분이 너무 크면 손으로 이파리를 적당히 떼어 내 주세요.

손질된 시금치에 물을 받아서 두 번 씻어 주세요.

끓는 물에 천일염 1스푼을 풀고, 시금치를 위아래로 뒤집어 가며 50초 정도만 짧게 데쳐 주세요.

데친 시금치를 바로 찬물에 넣어 두 번 헹구고 물기를 꾹 짜 주세요.

시금치에 채 썬 양파, 다진 마늘 ½스푼, 국간장 1스푼, 소금 ¼스푼, 참기름 1스푼, 통깨 1스푼을 넣고 조물조물 무쳐 주면 완성입니다.

# 02 숙주나물

미리 준비하기 숙주 400g을 깨끗하게 씻어 주세요.

재료

- 숙주 400g
- 물 1컵(200mL)
- 부추 12가닥
- 청양고추 1개
- 당근 30g
- 다진 마늘 ½스푼
- 국간장 1스푼
- 소금 ⅓스푼
- 참기름 ½스푼
- 통깨 1스푼

1

당근 30g, 청양고추 1개를 채 썰고 부추 12가닥은 5cm 간격으로 썰어 주세요.

2

팬에 물 1컵(200mL)이 끓어오르면 숙주 400g을 넣고 가운데에 홈을 파 주세요. 뚜껑을 닫고, 강불로 2분 30초 쪄 주세요.

**point—** 남아 있는 물은 계속 사용하니 버리지 마세요.

3

잘 쪄진 숙주를 건져서 바로 찬물에 헹구고, 물기를 쭉 빼 주세요.

4

팬에 남아 있는 물을 다시 끓이고, 당근을 넣어 10초간 데쳤다가 불을 끄고, 부추를 넣어서 30초간 함께 데쳐 주세요. 총 40초가 지나면 당근, 부추를 건져서 식혀 주세요.

5

데쳤던 물의 절반만 따로 담고 식혀 주세요.

**point—** 숙주나물은 물이 자박자박하게 어느 정도 있어야 맛있습니다.

6

물이 식으면 숙주, 부추, 당근을 넣고 청양고추, 다진 마늘 ½스푼, 국간장 1스푼, 소금 ⅓스푼, 참기름 ½스푼, 통깨 1스푼을 살짝 갈아서 넣고 무쳐 주면 완성입니다.

# 03 팽이부추나물

재료

- 부추 250g
- 팽이버섯 1봉지(150g)
- 천일염 1스푼

**양념**

- 진간장 1스푼
- 멸치액젓 1스푼
- 마늘 1개
- 청양고추 1개
- 홍고추 1개
- 매실청 1스푼
- 참기름 1스푼
- 통깨 1스푼

부추 250g을 4등분하고, 뭉쳐 있는 팽이버섯 1봉지(150g)를 손으로 풀어 주세요.

마늘 1개, 청양고추 1개를 잘게 다지고 홍고추 1개를 채 썰어 주세요.

냄비에 물이 끓을 때 천일염 1스푼을 녹이고 부추, 팽이버섯을 넣어 10초만 데친 후 찬물에 헹궈 주세요.

부추, 팽이버섯을 1줌씩 쥐어 물기를 꾹 짜 주세요.

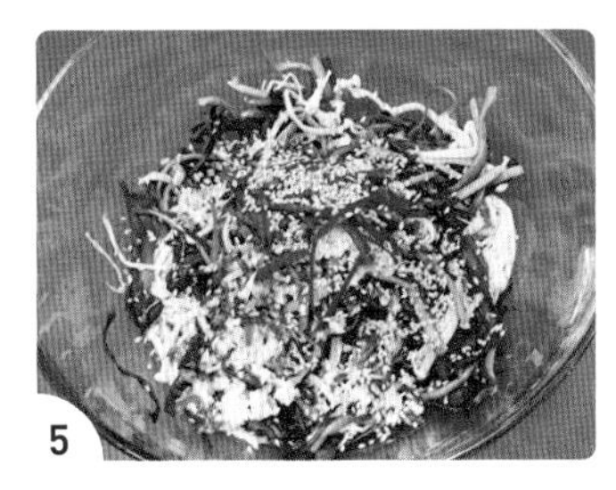


물기 뺀 부추, 팽이버섯에 진간장 1스푼, 멸치액젓 1스푼, 매실청 1스푼, 참기름 1스푼, 준비한 청양고추, 마늘, 홍고추, 통깨 1스푼을 넣어 주세요.

탈탈 털면서 골고루 무쳐 주면 완성입니다.

# 04 어묵볶음

재료

- 어묵 5장(200g)
- 편생강 1개
- 식용유 2스푼
- 양파 ½개
- 마늘 3개
- 청양고추 1개
- 홍고추 1개
- 참기름 1스푼
- 통깨 1스푼

**양념**

- 설탕 ½스푼
- 진간장 2스푼
- 굴소스 ½스푼
- 물 2스푼
- 조청쌀엿 1스푼

1

편생강 1개를 칼등으로 살짝 다져 주고, 식용유 2스푼에 10분 담가 주세요.

**point—** 식용유에 생강 향이 배어서 더욱 깊은 맛을 줍니다.

2

양파 ½개, 청양고추 1개, 홍고추 1개를 채 썰고, 마늘 3개는 편 썰어 주세요.

3

어묵 5장(200g)을 1cm 간격으로 길게 썰어 주세요.

4

**양념 만들기** 설탕 ½스푼, 진간장 2스푼, 굴소스 ½스푼, 물 2스푼, 조청쌀엿 1스푼을 섞어서 양념을 미리 만들어 주세요.

**point—** 양념을 미리 만들지 않고 볶으면서 재료를 넣으면 어묵에 간이 골고루 배지 않습니다.

5

팬에 불을 켜고, 생강을 담가 놓은 식용유 1스푼에 양파, 마늘을 먼저 1분 정도 볶아 주세요.

6

어묵, 양념, 생강 담가 놓은 식용유 1스푼, 청양고추, 홍고추를 모두 넣고 충분히 볶였을 때 참기름 1스푼, 통깨 1스푼을 넣고 마무리해 주세요.

# 05 미역줄기볶음

재료

- 미역줄기 300g
- 밀가루 1스푼
- 식용유 2스푼
- 양파 ¼개
- 홍고추 ½개
- 다진 마늘 1스푼
- 소금 ¼스푼
- 미림 2스푼
- 참기름 1스푼
- 통깨 1스푼

미역줄기 300g을 깨끗하게 2번 씻은 후에 물을 받고, 밀가루 1스푼을 풀어 10분 담가 놓아 주세요.

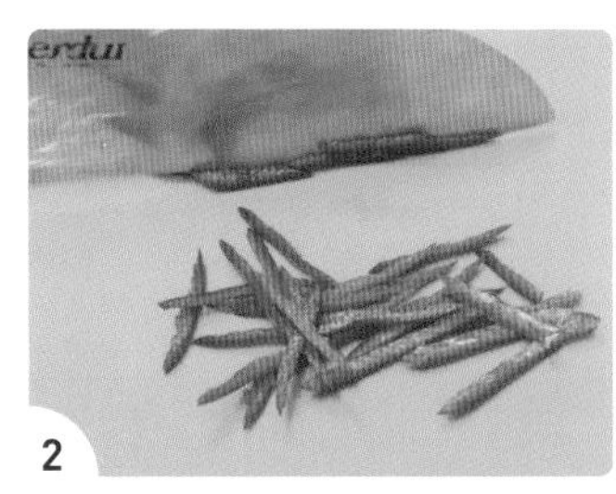


양파 ¼개, 홍고추 ½개(씨 제거)를 채 썰어 주세요.

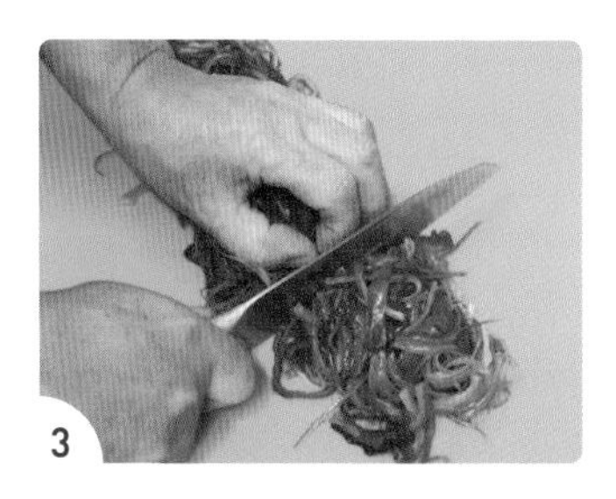


미역줄기를 헹군 후에 물기를 꾹 짜고 5cm 간격으로 썰어 주세요.

팬에 미역줄기, 양파, 식용유 2스푼, 다진 마늘 1스푼을 넣고 어느 정도 볶다가 소금 ¼스푼, 미림 2스푼을 넣고 계속 볶아 주세요.

**point**— 간을 보고 소금 간은 취향에 맞게 조절해 주세요.

참기름 1스푼, 통깨 1스푼, 홍고추를 넣어서 마무리하고, 식힌 후에 냉장 보관해 주세요.

# 06 황태채볶음

재료

- 건다시마 12g
- 물 1½컵(300mL)
- 황태채 150g
- 미림 3스푼
- 설탕 1스푼
- 감자전분 가득 2스푼
- 식용유 2스푼
- 고운 고춧가루 2스푼
- 진간장 2스푼
- 다진 마늘 1스푼
- 다진 생강 ½스푼
- 고추장 가득 2스푼
- 멸치액젓 ½스푼
- 물엿 3스푼
- 참기름 1스푼
- 통깨 1스푼

건다시마 12g과 물 1½컵(300mL)을 내열 용기에 담고 전자레인지에 1분 30초 돌려서 다시마물을 만들어 주세요.

황태채 150g을 먹기 좋게 가위로 잘라 주세요.

황태채에 다시마물 절반, 미림 3스푼, 설탕 1스푼을 넣고 섞은 후에 감자전분 2스푼을 넣고 버무려 주세요.

팬에 식용유 2스푼을 넣고 연기가 나올 때까지 충분히 가열되면 불을 끄고 30초 동안 식혀 주세요.

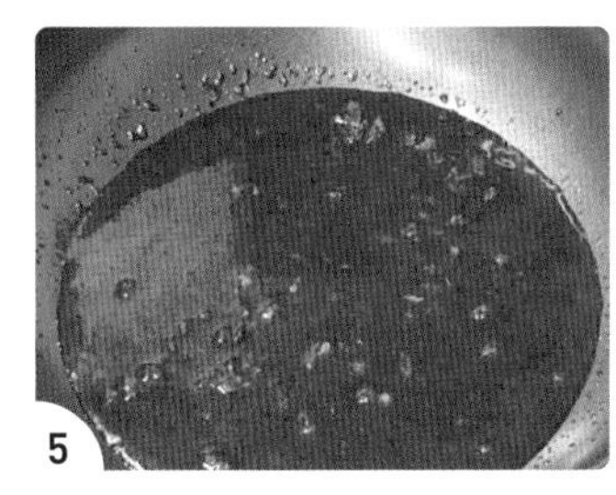


불을 켜지 않은 상태로 고운 고춧가루 2스푼을 넣어 고추기름을 만들어 주고, 남은 다시마물, 진간장 2스푼, 다진 마늘 1스푼, 다진 생강 ½스푼을 넣고 저어 주세요.

불을 아주 약하게 켜고 고추장 2스푼, 멸치액젓 ½스푼, 물엿 3스푼을 넣고 2분 동안 저어 주세요. 2분이 지나면 불을 끈 상태로 황태채를 넣고 무치다가 참기름 1스푼, 통깨 1스푼을 넣으면 완성입니다.

# 07 오징어볶음

**재료**

- 오징어 2마리
- 천일염 1스푼
- 밀가루 1스푼
- 미림 2스푼
- 대파 1½대
- 양파 ½개
- 깻잎 10장
- 당근 ¼개
- 청양고추 3개
- 고춧가루 2스푼
- 감자전분 1스푼
- 참기름 1스푼
- 통깨 1스푼

**양념**

- 식용유 3스푼 + 고춧가루 3스푼
- 다진 마늘 2스푼
- 다진 생강 ½스푼
- 진간장 4스푼
- 굴소스 1스푼
- 고추장 2스푼
- 물엿 2스푼
- 설탕 1스푼

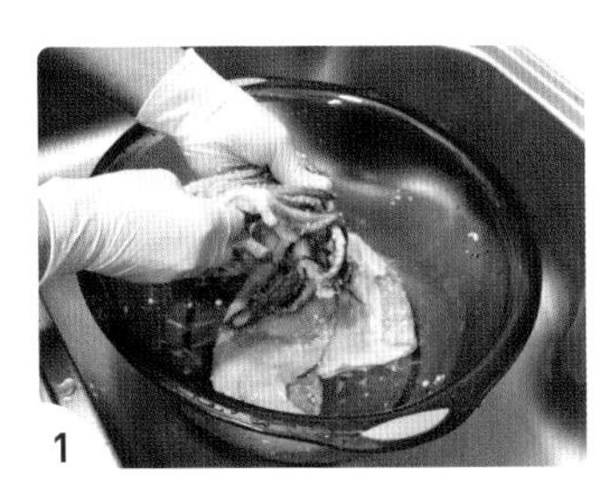


**오징어 씻기** 손질된 오징어 2마리에 천일염 1스푼, 밀가루 1스푼을 넣어서 치대 주고, 물로 헹궈 주세요. 특히 다리 부분을 신경 써야 합니다.

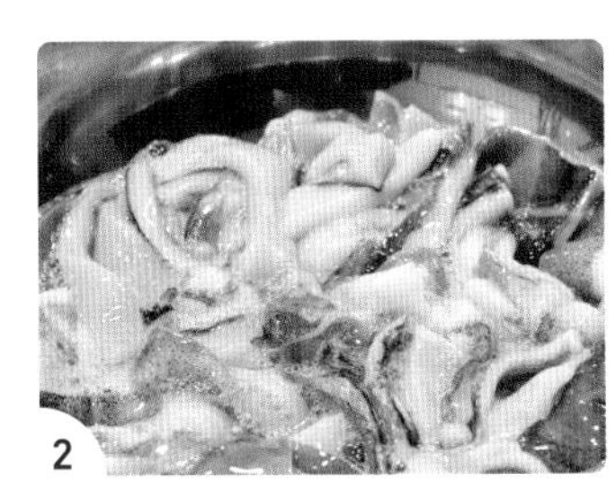


오징어를 먹기 좋게 썰어 주고, 미림 2스푼을 넣어 비린내를 제거해 주세요.

대파 1½대를 어슷 썰고, 깻잎 10장을 절반으로 나누고, 양파 ½개, 청양고추 3개, 당근 ¼개를 채 썰어 주세요.

**고추기름 만들기** 냄비에 식용유 3스푼을 넣고 중불로 가열해 주세요. 식용유가 가열되면 불을 끄고, 고춧가루 3스푼을 넣어 되직한 고추기름을 만들어 주세요.

고추기름에 다진 마늘 2스푼, 다진 생강 1/2스푼, 진간장 4스푼, 굴소스 1스푼, 고추장 2스푼, 설탕 1스푼, 물엿 2스푼을 넣고 중불로 살짝 졸여 주세요.

준비한 양파, 당근, 청양고추를 넣고 2분 볶은 후에 오징어, 깻잎, 대파, 고춧가루 2스푼, 감자전분 1스푼, 참기름 1스푼, 통깨 1스푼을 넣고 오징어가 충분히 익을 때까지 볶으면 완성입니다.

# 08 새송이소고기볶음

재료

- 소고기 갈빗살 250g
- 새송이버섯 3개
- 대파 ½대
- 청양고추 1개
- 양파 ½개
- 식용유 1스푼
- 후추 2꼬집
- 통깨 1스푼

**양념**

- 진간장 2스푼
- 굴소스 1스푼
- 다진 마늘 1스푼
- 조청쌀엿 수북하게 1스푼
- 소금 3꼬집
- 연겨자 2cm

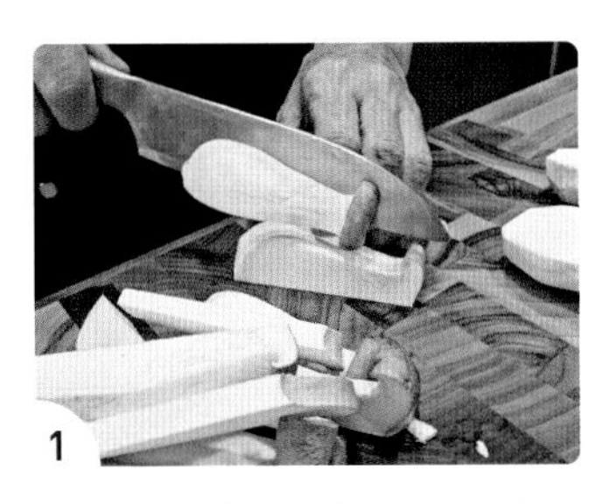


반으로 나눈 새송이버섯 3개를 8mm 간격으로 길게 썰고, 양파 ½개는 굵직하게 썰고, 청양고추 1개는 자잘하게 썰고, 대파 ½대를 어슷 썰어 주세요.

끓는 물에 새송이버섯을 넣고 20초만 데친 후에 찬물에 헹구고 물기를 빼 주세요.

진간장 2스푼, 굴소스 1스푼, 다진 마늘 1스푼, 조청쌀엿 수북하게 1스푼, 소금 3꼬집, 연겨자 2cm를 섞어서 양념을 미리 만들어 주세요.

팬에 소고기 갈빗살 250g, 식용유 1스푼을 넣고 볶아 주세요.

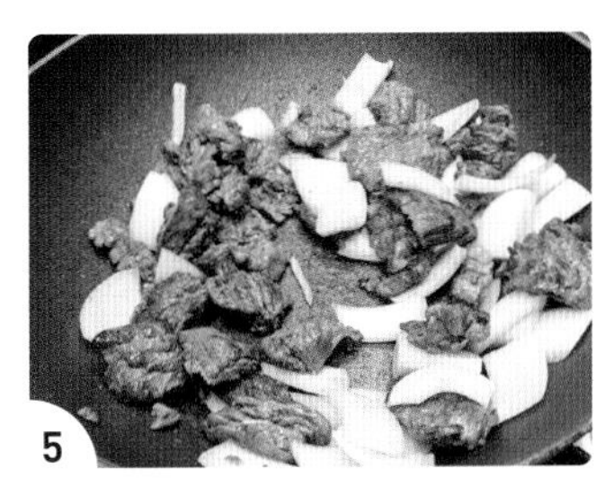


소고기의 핏기가 어느 정도 사라지면 준비한 양파를 넣고 중불로 2분 볶아 주세요.

준비한 새송이버섯, 청양고추, 양념을 넣고 볶다가 새송이버섯이 다 익으면 대파, 후추 2꼬집, 통깨 1스푼을 넣고 마무리해 주세요.

# 09 상추장아찌

미리 준비하기 쫑상추 1줌(250g)을 흐르는 물에 깨끗하게 씻고 물기를 완전히 제거해 주세요.

재료

- 쫑상추 1줌(250g)
- 양파 1개
- 청양고추 3개
- 홍고추 1개
- 진간장 1컵(200mL)
- 다시마 10g
- 설탕 ½컵
- 까나리액젓 1스푼
- 식초 ½컵(100mL)
- 소주 ½컵(100mL)

1

양파 1개를 채 썰고 청양고추 3개, 홍고추 1개는 어슷 썰어 주세요.

2

장아찌 담을 용기에 진간장 1컵(200mL), 다시마 10g, 식초 ½컵(100mL), 소주 ½컵(100mL), 설탕 ½컵, 까나리액젓 1스푼을 넣고 저어 주면서 설탕을 녹여 주세요.

3

간장물에 상추, 양파, 청양고추, 홍고추를 넣어 주세요.

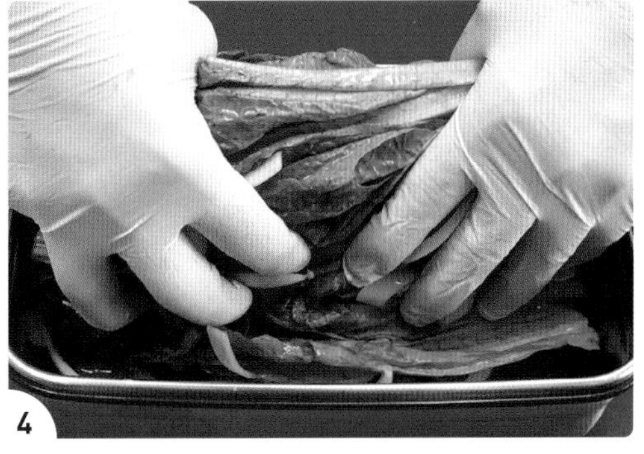
4

상추를 양손으로 잡고 뒤집으면서 간장물을 골고루 묻히면 완성입니다.

**point**— 간장물을 묻히고 20분만 지나면 상추의 숨이 죽습니다.

**보관 방법**

바로 냉장고에 보관해서 고기를 먹을 때마다 꺼내 먹으면 됩니다.
만든 후 10일이 지나기 전에 다 먹는 것을 권장합니다.

# 10 머위장아찌

미리 준비하기 머위 잎 800g의 뿌리 끝부분 1cm 정도를 가위로 잘라 내 주세요.
머위를 데치기 전에 데친 머위를 식힐 찬물을 미리 받아 주세요.

재료
- 머위 잎 800g
- 천일염 1스푼
- 청양고추 1개
- 홍고추 1개
- 감초 1개
- 진간장 1½컵(300ml)
- 설탕 ½컵
- 물 1컵(200mL)
- 식초 ½컵(100mL)
- 소주 ½컵(100mL)

끓는 물에 천일염 1스푼을 풀고, 머위의 뿌리 부분만 물에 잠기게 넣었다가 10초가 지나면 이파리까지 담근 후 40초 데쳐 주세요.

**point**— 머위 잎은 한꺼번에 많은 양을 데치면 안쪽 머위가 새까맣게 될 수 있으니 절반씩 나눠서 데치는 것을 추천합니다.

데친 머위 잎을 바로 건져 내 찬물에 식히고, 뿌리 쪽부터 껍질(섬유질)을 벗긴 후에 물기를 꾹 짜서 장아찌 담을 용기에 넣어 주세요.

청양고추 1개, 홍고추 1개를 큼직하게 썰어서 머위 잎이 담긴 용기에 넣어 주세요.

**간장물 만들기** 냄비에 불을 켜지 않은 채로 물 1컵(200mL), 감초 1개, 진간장 $1\frac{1}{2}$컵(300mL), 설탕 $\frac{1}{2}$컵을 넣고 설탕을 녹인 후에, 불을 켜서 끓어오르는 시점부터 중불로 5분 끓여 주세요.

냄비에 불을 끄고 감초를 건진 후에 1분만 기다렸다가 머위 잎에 부어 주세요.

20분 후에 식초 $\frac{1}{2}$컵(100mL), 소주 $\frac{1}{2}$컵(100mL)을 부어 주면 완성입니다.

**보관 방법**

시원한 베란다에 6시간 두었다가 냉장 보관 후에 조금씩 꺼내 먹으면 됩니다.

11

# 고추장두릅장아찌

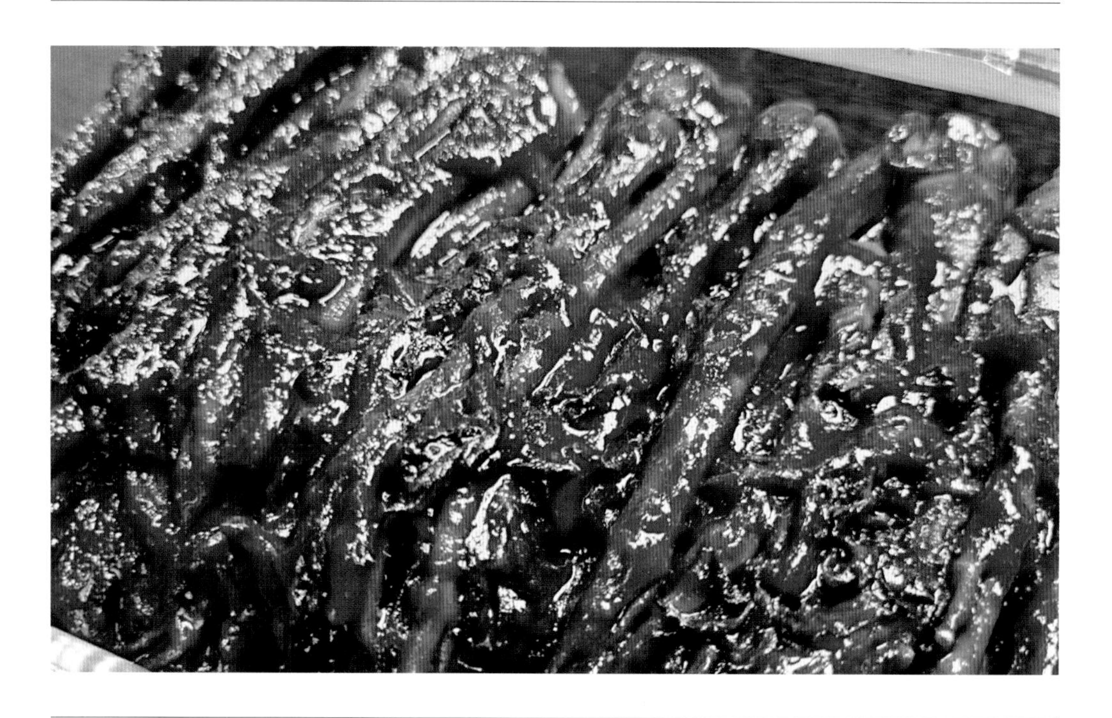

| 재료 | | |
|---|---|---|
| | • 참두릅 1.5kg | • 조청쌀엿 200g, |
| | • 천일염 1½스푼 | • 고운 고춧가루 ¼컵 |
| | • 고추장 800g | • 소주 ⅓컵(70mL) |

참두릅 1.5kg의 끝부분을 잘라 내고, 십자 모양으로 칼집을 내 주세요.

끓는 물에 천일염 1스푼과 손질한 두릅을 넣고 2분 데쳐 주세요.

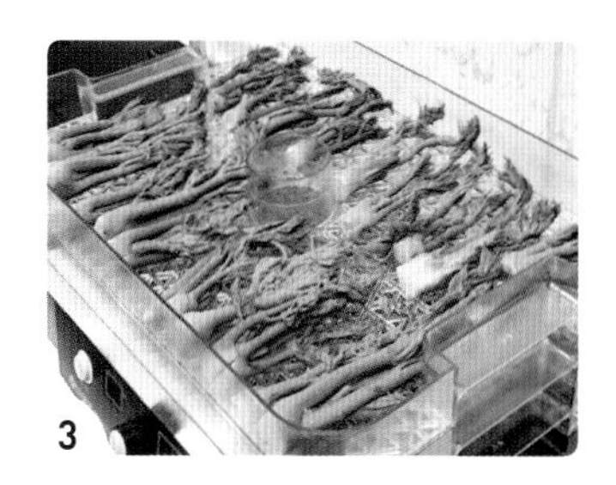


데친 두릅을 찬물에 두 번 헹구고, 한 움큼씩 쥐어 물기를 꾹 짜고 햇빛에 완전히 건조시켜 주세요.

**point**— 식품 건조기가 있다면 70℃에 2시간 건조해 주세요.

고추장 800g, 고운 고춧가루 ¼컵, 조청쌀엿 200g, 소주 ⅓컵(70mL)을 섞어서 양념을 만들어 주세요.

**point**— 고운 고춧가루가 없다면 고춧가루 ½컵을 체에 밭쳐 내려 주세요.

완전히 건조돼서 수분이 없는 두릅을 양념에 버무려 주세요.

반찬통에 옮겨 담고, 가장 위에 천일염 ½스푼을 뿌려 주면 1년이 지나도 변하지 않는 고추장 두릅장아찌 완성입니다.

# 12 고추채장아찌

재료

- 아삭이고추 8개
- 청양고추 2개
- 생수 ¼컵(50mL)
- 진간장 ⅔컵(140mL)
- 매실청 ⅓컵(70mL)
- 소주 2스푼
- 식초 ¼컵(50mL)

1 아삭이고추 8개, 청양고추 2개를 어슷 썰어 주세요.

2 장아찌 담을 용기에 아삭이고추 4개, 청양고추 1개(4:1)의 비율로 넣어 주세요.

3 생수 $\frac{1}{4}$컵(50mL), 진간장 $\frac{2}{3}$컵(140mL), 매실청 $\frac{1}{3}$컵(70mL), 소주 2스푼, 식초 $\frac{1}{4}$컵(50mL)을 섞어서 간장물을 만들어 주세요.

4 고추가 모두 잠기게 간장물을 부어 주면 완성입니다.

**보관 방법**

시원한 베란다에서 하루 숙성하고 김치냉장고에 보관하면 됩니다.

# 13 김 양념장

재료

- 진간장 7스푼
- 물 3스푼
- 설탕 수북하게 1스푼
- 고춧가루 깎아서 1스푼
- 대파 15cm
- 참기름 2스푼
- 통깨 1½스푼

1

대파 15cm를 길게 반으로 나누고, 자잘하게 다져 주세요.

**point—** 대파 대신 쪽파를 사용해도 좋습니다.

2

대파에 설탕 수북하게 1스푼, 고춧가루 깎아서 1스푼, 진간장 7스푼, 물 3스푼, 참기름 2스푼, 통깨 1½스푼을 넣고 섞어 주면 완성입니다.

3

**김 굽기** 가스불을 최대한 약하게 켜 주세요. 한 번에 김을 2장씩 잡고, 불에 왔다 갔다 하면서 위아래로 골고루 구워 주세요.

4

**김 자르기** 구운 김을 가위로 3등분씩 두 번 잘라 주면 먹기에 딱 좋은 크기의 김이 완성됩니다.

# 14 달래장

재료
- 달래 200g
- 청양고추 2개
- 홍고추 1개
- 고춧가루 2스푼
- 진간장 ⅓컵(7스푼)
- 멸치액젓 2스푼
- 다진 마늘 ½스푼
- 설탕 깎아서 2스푼
- 참기름 2스푼
- 통깨 2스푼

1 달래 200g을 쫑쫑 썰고 청양고추 2개, 홍고추 1개를 다져 주세요.

2 고춧가루 2스푼, 진간장 ⅓컵(7스푼), 멸치액젓 2스푼, 다진 마늘 ½스푼, 설탕 깎아서 2스푼, 참기름 2스푼, 통깨 2스푼을 넣고 섞어 주면 완성입니다.

# 15 멸치고추다짐장

재료

- 청양고추 20개
- 홍고추 1개
- 풋고추 5개
- 중간멸치 1줌
- 양파 ⅓개
- 식용유 2스푼
- 다진 마늘 1스푼
- 멸치액젓 1스푼
- 된장 1스푼
- 물 ½컵(100mL)
- 참기름 1스푼
- 통깨 1스푼

1

중간멸치 1줌을 전자레인지에 20초 돌려서 비린내를 제거하고, 가위로 자잘하게 잘라 주세요.

2

양파 ⅓개를 잘게 다져 팬에 넣어 주세요.

3

청양고추 20개, 홍고추 1개, 풋고추 5개를 십자 모양으로 나누고, 자잘하게 다져 주세요.

**point—** 믹서기에 넣고 갈면 입자가 너무 작아집니다.

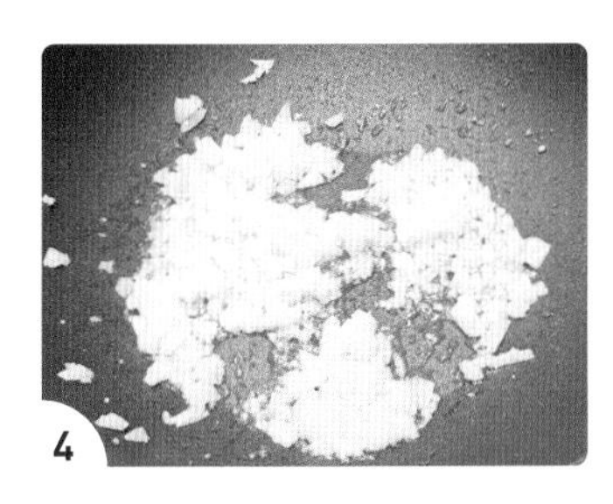

4

다진 양파가 들어 있는 팬에 식용유 2스푼, 다진 마늘 1스푼을 넣고 충분히 볶아 주세요.

5

팬에 다진 고추를 모두 넣고 1분 정도 볶다가 물 ½컵(100mL)에 된장 1스푼을 풀어서 넣어 주세요. 다져 놓은 멸치를 함께 넣고 계속 볶아 주세요.

6

볶은 지 5분 정도 지나면 멸치액젓 1스푼, 참기름 1스푼, 통깨 1스푼을 넣고 섞어서 마무리해 주세요.

# 16 우렁강된장

미리 준비하기 멸치 1줌을 가위로 반으로 자른 후 전자레인지에 20초 돌려 주세요.
양파 ½개를 잘게 다져서 팬에 넣어 주세요.

재료

- 우렁 250g
- 밀가루 1스푼
- 소주 2스푼
- 두부 150g
- 양파 ½개
- 홍고추 1개
- 청양고추 2개
- 대파 ½대
- 애호박 ½개
- 식용유 1스푼
- 다진 마늘 1스푼
- 된장 3스푼
- 물 1컵(200mL)
- 멸치 1줌
- 설탕 1스푼
- 고춧가루 1스푼
- 참기름 1스푼
- 조청쌀엿 1스푼

1

우렁 250g에 밀가루 1스푼, 물을 조금 넣어서 빠락빠락 문지르며 헹궈 주고, 물기를 빼 주세요.

2

물기 뺀 우렁에 소주 2스푼을 넣어서 섞어 주세요.

3

애호박 ½개, 두부 150g을 깍둑 썰고, 대파 ½대, 홍고추 1개, 청양고추 2개를 다져 주세요.

4

양파가 담긴 팬에 식용유 1스푼을 두르고 2분 볶은 후 다진 마늘 1스푼, 준비한 청양고추, 홍고추, 애호박, 우렁을 넣고 중불로 3분 볶아 주세요.

**point**— 강된장에 두부가 들어가면 짠맛을 완화해 줍니다.

5

물 1컵(200mL), 된장 3스푼, 멸치 1줌을 넣고 중불로 5분 끓였다가 고춧가루 1스푼, 설탕 1스푼, 준비한 두부, 대파를 넣고 최대한 약불로 5분 조려 주세요.

6

불을 끄고 참기름 1스푼을 섞은 후에 30분 식혔다가 조청쌀엿 1스푼을 섞어 주면 완성입니다.

**point**— 완성된 우렁강된장은 양배추나 머위 잎 등 쌈채소에 싸 먹으면 정말 맛있습니다.

# 17 간장게장

재료

- 꽃게 7마리(2kg)
- 진간장 4½컵(900mL)
- 물 1.8L
- 설탕 1컵
- 건고추 2개
- 청양고추 2개
- 마늘 12개
- 생강 1톨
- 대파 1대
- 양파 1개
- 사과 ½개
- 물엿 1컵
- 건다시마 15g
- 건표고버섯 10g

**꽃게 손질하기** 수컷 게는 배 쪽에 세로로 올라와 있는 배설기관을 떼어 주고, 암컷 게는 그대로 둡니다. 가위로 다리 끝 뾰족한 부분을 모두 절단해 주고, 흐르는 물로 씻으면서 깨끗하게 솔질해 주세요. 이후 물기를 제거합니다.

**꽃게 냉동하기** 손질한 꽃게를 2개의 용기에 나눠 담아 냉동실에 5시간 이상 냉동시켜 주세요.

**point—** 꽃게 7마리를 한꺼번에 게장으로 담그면 나중에 불필요한 간장물이 많이 남아서 처치 곤란입니다. 게장 용기를 2개로 나눠 냉동시켰다가 한 통만 간장물을 부어서 게장을 담그고, 그 게장을 다 먹은 후 간장물을 한 번 끓여 식힌 다음 두 번째 용기에 부어서 먹는 것을 추천합니다.

**간장물 끓이기** 냄비에 물 1.8L, 설탕 1컵, 물엿 1컵, 진간장 4½컵, 건다시마 15g, 마늘 12개, 건표고버섯 10g, 대파 1대, 건고추 2개, 청양고추 2개, 생강 1톨, 사과 ½개, 양파 1개 큼직하게 썰어 넣고 끓여 주세요.

**point—** 건고추, 대파는 가위로 적당히 잘라 주고, 청양고추는 칼칼한 맛이 빠지도록 깊게 칼집을 내 주세요.

간장물이 끓어오르면 중불로 맞춰서 25분 끓여 주세요.

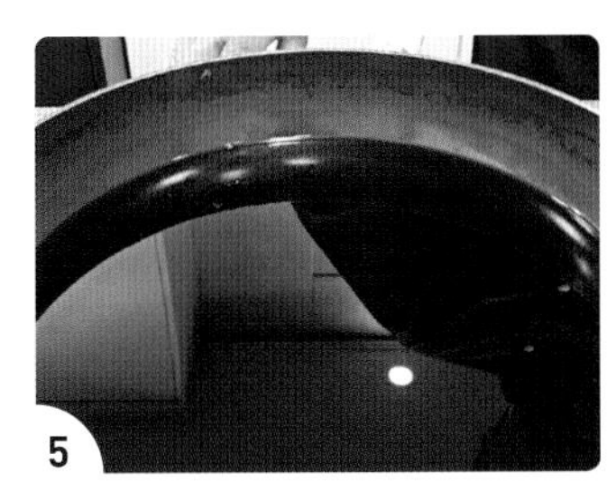


25분이 지나면 건더기를 모두 건져 내고, 간장물을 완전히 식혀 주세요.

냉동 꽃게가 담긴 용기에 간장물을 부어 놓고, 냉장실에 하루 숙성시킨 후 먹으면 됩니다.

**point—** 간장게장을 먹을 때 참기름, 쪽파, 깨를 약간 넣으면 보기도 좋고 맛도 좋습니다.

# 18 참치감자조림

재료

- 감자 2개(450g)
- 천일염 ½스푼
- 물엿 1스푼
- 식용유 2스푼
- 양파 ½개
- 청양고추 2개
- 참치캔 1개(85g)
- 대파 ½대
- 물 1컵(200mL)
- 후추 2꼬집
- 통깨 1스푼

**양념**

- 고춧가루 수북하게 1스푼
- 진간장 2스푼
- 토마토 스파게티 소스 2스푼
- 다진 마늘 1스푼
- 물엿 수북하게 1스푼
- 참기름 1스푼

감자 2개(450g)를 굵직하게 썰고, 물에 5분 동안 담가 전분기를 빼 주세요.

양파 ½개는 굵직하게 썰고, 청양고추 2개, 대파 ½대는 쫑쫑 썰어 주세요.

감자가 담긴 물을 버리고, 천일염 ½스푼, 물엿 1스푼에 20분간 절여 주세요.

**양념 만들기** 고춧가루 수북하게 1스푼, 진간장 2스푼, 다진 마늘 1스푼, 토마토 스파게티 소스 2스푼, 물엿 수북하게 1스푼, 참기름 1스푼을 섞어서 양념을 미리 만들어 주세요.

절인 감자에서 나온 물은 버리고, 식용유 2스푼을 두른 팬에 감자를 넣고 노릇해질 때까지 볶아 주세요.

양파, 양념, 청양고추, 물 1컵(200mL), 참치캔 1개(85g)를 넣고 뚜껑을 닫은 채로 중약불로 5분 졸였다가 대파, 후추 2꼬집, 통깨 1스푼을 넣고 다시 약불로 3분 졸여 주면 완성입니다.

**point—** 물이 너무 없으면 조금 추가하면서 졸여 주세요.

# 19 갈치조림

재료

- 갈치 1마리
- 밀가루 1스푼
- 물 2컵(400mL)
- 무 ¼개(300g)
- 양파 ½개
- 대파 ½대
- 홍고추 1개
- 국간장 1스푼
- 소주 2스푼
- 고춧가루 깎아서 1스푼

**양념장**

- 물 1컵(200mL)
- 고춧가루 2스푼
- 청양고추 2개
- 설탕 1스푼
- 진간장 2스푼
- 다진 마늘 1스푼
- 다진 생강 ⅓스푼

무 ¼개(300g)를 7mm 간격으로 썰고 물 2컵(400mL), 국간장 1스푼과 함께 냄비에 넣고 끓어올라올 때부터 중불로 10분 끓여 주세요.

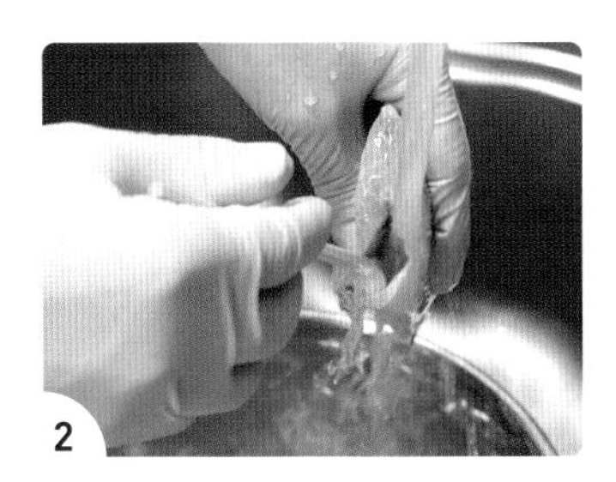


**갈치 손질하기** 절단된 갈치 속을 나무젓가락으로 후비면서 물로 씻어 내고, 겉면의 은분은 칼날로 긁어 주세요. 이후 밀가루 1스푼을 넣고 조물조물 했다가 찬물로 씻어 내 주세요.

**point—** 갈치 은분의 '구아닌' 성분은 구토, 복통, 두드러기 등을 유발할 수 있습니다.

양파 ½개, 대파 ½대를 채 썰고 청양고추 2개, 홍고추 1개는 자잘하게 다져 주세요. 청양고추는 양념장 만들 그릇에 따로 담아 주세요.

**양념장 만들기** 청양고추를 담은 그릇에 물 1컵(200mL), 고춧가루 2스푼, 다진 마늘 1스푼, 다진 생강 ⅓스푼, 설탕 1스푼, 진간장 2스푼을 넣고 섞어서 양념장을 만들어 주세요.

무 익힌 냄비에 준비한 양파의 절반, 손질한 갈치, 양념장, 남은 양파, 소주 2스푼을 순서대로 넣은 후에 뚜껑을 닫고 중불로 5분 끓여 주세요.

대파, 홍고추, 고춧가루 깎아서 1스푼을 넣고, 다시 뚜껑을 닫은 후에 약불로 5분 끓이면 완성입니다.

# 20 두부조림

재료

- 두부 1팩(500g)
- 양파 ½개
- 물엿 1½스푼

**양념**

- 중간멸치 1줌
- 대파 ½대
- 청양고추 1개
- 홍고추 1개
- 고춧가루 1스푼
- 다진 마늘 ½스푼
- 진간장 3스푼
- 멸치액젓 ½스푼
- 미림 2스푼
- 물 1½컵(300mL)
- 참기름 1스푼
- 통깨 1스푼

1

대파 ½대, 홍고추 1개, 청양고추 1개를 어슷 썰고, 양파 ½개를 채 썰어 주세요.

2

두부 1팩(500g)을 굵직하게 썰어 주세요.

3

준비한 대파, 홍고추, 청양고추에 고춧가루 1스푼, 다진 마늘 ½스푼, 진간장 3스푼, 멸치액젓 ½스푼, 중간멸치 1줌, 미림 2스푼, 참기름 1스푼, 통깨 1스푼, 물 1½컵(300mL)을 넣고 섞어 주세요.

4

팬에 식용유를 두르고 중약불로 두부를 노릇하게 부쳐 주세요.

5

약불로 줄이고 팬 바닥에 채 썬 양파를 깔고, 두부를 다시 올려 주세요.

6

양념을 끼얹고 강불로 3분 조렸다가 물엿 1½스푼을 넣고 약불로 2분 더 조려 주면 완성입니다.

# 21 깻잎순두부찜

재료

- 순두부 1개(350g)
- 깻잎 7장
- 중간멸치 반 줌

**양념장**

- 고춧가루 수북하게 1스푼
- 청양고추 1개
- 양파 조금
- 홍고추 ½개
- 쪽파 3가닥
- 설탕 ½스푼
- 진간장 4스푼
- 다진 마늘 ½스푼
- 물 3스푼
- 참기름 1스푼
- 통깨 1스푼

1

쪽파 3가닥, 양파 조금, 홍고추 ½개, 청양고추 1개를 자잘하게 다져 주세요.

2

**양념장 만들기** 다진 채소들에 고춧가루 수북하게 1스푼, 설탕 ½스푼, 다진 마늘 ½스푼, 물 3스푼, 진간장 4스푼, 참기름 1스푼, 통깨 1스푼을 섞으면 양념장 완성입니다.

3

깻잎 7장의 끝부분은 잘라내고, 반으로 썰어서 펼쳐 주세요.

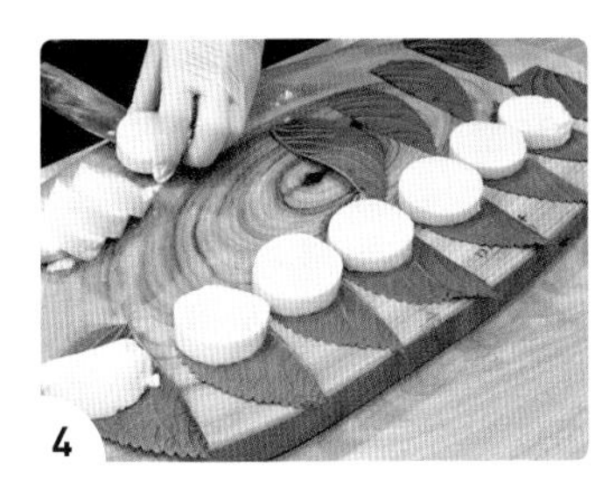
4

순두부 1개(350g)를 먹기 좋게 썰어서 깻잎 위에 올려 주세요.

5

깻잎을 살짝 접어서 찜기에 올려놓고, 중간멸치 반 줌을 깔아 주세요.

**point—** 멸치는 전자레인지에 30초 돌려서 비린내를 날려 주세요.

6

준비한 양념장을 순두부와 멸치에 골고루 끼얹고, 전자레인지에 3분 돌리면 완성입니다.

# 22 급식달걀찜

재료

- 달걀 7개
- 대파 20cm
- 당근 35g
- 크래미 35g
- 맛소금 ⅓스푼
- 물 ½컵(100mL)
- 찹쌀가루 1스푼
- 참기름 1스푼

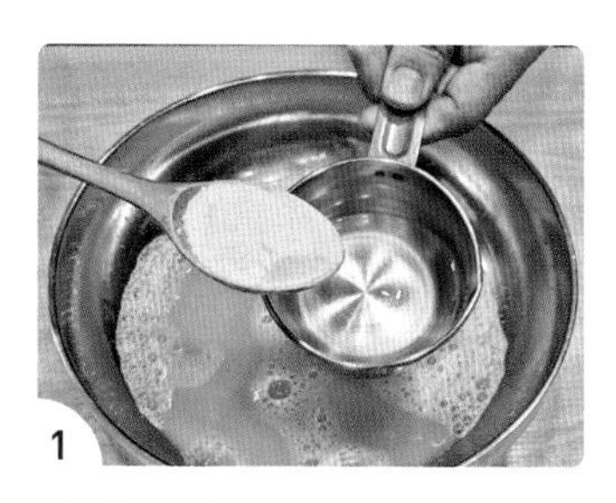


달걀 7개, 맛소금 ⅓스푼을 완전히 풀어 주고, 물 ½컵(100mL)에 찹쌀가루 1스푼을 따로 풀어 달걀물과 섞어 주세요.

당근 35g, 대파 20cm, 크래미 35g을 자잘하게 다져서 달걀물에 넣어 주세요.

내열 용기에 참기름 1스푼을 골고루 발라 주세요.

준비한 달걀물을 내열 용기에 붓고 포일로 덮어 주세요.

찜기용 냄비에 물을 적당량 붓고 용기를 넣은 후 뚜껑을 닫고 물이 끓어오르는 시점부터 중약불로 20분 쪄 주세요.

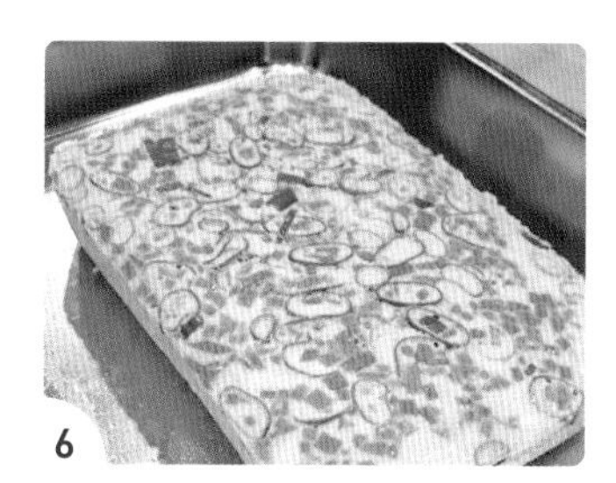


20분이 지나면 용기를 꺼내고, 10분 식혔다가 용기를 뒤집어 달걀찜을 꺼내면 완성입니다.

# 23 깻잎달걀찜

### 재료

- 달걀 6개
- 깻잎 8장
- 크래미 1개
- 당근 40g
- 물 ½컵
- 새우젓 국물만 1스푼
- 찹쌀가루 수북하게 1스푼

1 달걀 6개에 새우젓 국물만 1스푼을 넣고 풀어 주세요.

2 물 ½컵에 찹쌀가루를 수북하게 1스푼 풀어서 달걀물에 붓고 잘 저어 주세요.

3 깻잎 8장, 크래미 1개, 당근 40g을 최대한 자잘하게 썰어서 달걀물에 넣고 골고루 저어 주세요.

4 찜기에 물을 받고, 달걀물을 그릇에 담아 올려 주세요. 물이 끓어오를 때부터 10분 찌면 완성입니다.

**point**— 부드러운 달걀찜보다 약간 딱딱한 달걀찜이 좋다면 그릇에 포일을 씌우면 됩니다.

# 24 애호박전

**재료**

- 애호박 1개
- 소금 ¼스푼
- 새우젓 국물만 1스푼
- 밀가루 수북하게 4스푼
- 달걀 2개
- 빵가루 수북하게 6스푼

**소스**

- 진간장 1스푼
- 설탕 ¼스푼
- 식초 ½스푼
- 생수 ½스푼

1

애호박 1개를 7~8mm 길이로 썰고, 소금 ¼스푼, 새우젓을 국물만 1스푼 넣어 골고루 섞은 다음 20분 절여 주세요.

**point** — 애호박은 절인 다음 절대로 씻으면 안 됩니다.

2

**소스 만들기** 설탕 ¼스푼, 식초 ½스푼, 생수 ½스푼, 진간장 1스푼을 섞어서 간단한 소스를 만들어 주세요.

3

달걀 2개를 풀어 주세요.

**point** — 애호박에 간이 되어 있고, 소스가 있기 때문에 별도의 간은 안 해도 됩니다.

4

절인 애호박의 국물은 따라내고, 밀가루 옷을 입혀서 달걀물에 담갔다가 빵가루를 살짝 묻혀서 팬에 부쳐 주면 완성입니다.

# 25 두부감자전

미리 준비하기 청양고추 1개를 자잘하게 다져 주세요.

재료

- 두부 1팩(290g)
- 감자 1개(270g)
- 소금 ⅓스푼
- 청양고추 1개
- 감자전분 수북하게 6스푼
- 식용유 적당량

- 감자전분은 꼭 99.9% 함량 전분을 사용해 주세요.

1

두부 1팩(290g)을 흐르는 물에 살짝 씻어 주고, 키친타월에 싸서 물기를 제거해 주세요.

2

감자 1개(270g)를 최대한 얇게 채 썰고, 바로 찬물에 담가 양손으로 헹구면서 전분기를 뺀 후에 물기를 제거해 주세요.

**point**— 두부감자전은 두부와 감자에 남아 있는 물기가 없을수록 쫀득쫀득 맛있습니다.

3

물기가 없는 두부를 칼 옆면으로 밀듯이 으깨 주세요.

4

믹싱볼에 준비한 두부, 감자, 청양고추, 감자전분 수북하게 6스푼, 소금 ⅓스푼을 넣고 반죽해서 식용유를 두른 팬에 부치면 완성입니다.

# 26 김전

미리 준비하기 김 3장을 한 입 크기로 잘라 주세요.

재료

- 김 3장
- 달걀 4개
- 소금 1꼬집
- 미림 1스푼
- 청양고추 1개
- 스팸 50g

1

달걀 4개에 소금 1꼬집, 미림 1스푼을 넣고 잘 풀어 주세요.

2

스팸 50g에 뜨거운 물을 부어 기름기를 제거하고 키친타월로 물기를 제거해 주세요.

3

스팸, 청양고추 1개(씨 제거)를 자잘하게 다져서 풀어 놓은 달걀에 넣어 주세요.

**point**— 청양고추가 전의 느끼함과 달걀 비린내를 잡아 줍니다.

4

김을 2장씩 겹치고 달걀물을 충분히 묻혀서 식용유를 두른 팬에 부쳐 주면 완성입니다.

# 27 굴전

재료

- 생굴 260g
- 천일염 1스푼
- 달걀 2개
- 소금 1꼬집
- 청양고추 1개
- 홍고추 ½개
- 밀가루 ½컵
- 식용유 적당량

1

천일염 1스푼을 녹인 물에 생굴 260g을 넣어 살며시 씻고 헹군 후에 물기를 빼 주세요.

2

달걀 2개에 소금 1꼬집을 넣어 풀어 주고 홍고추 ½개, 청양고추 1개를 다져서 섞어 주세요.

3

밀가루 ½컵을 넓은 접시에 담아서 준비해 주세요.

4

물기 뺀 생굴을 밀가루에 골고루 묻히고 탈탈 털어서 한쪽에 모아 주세요.

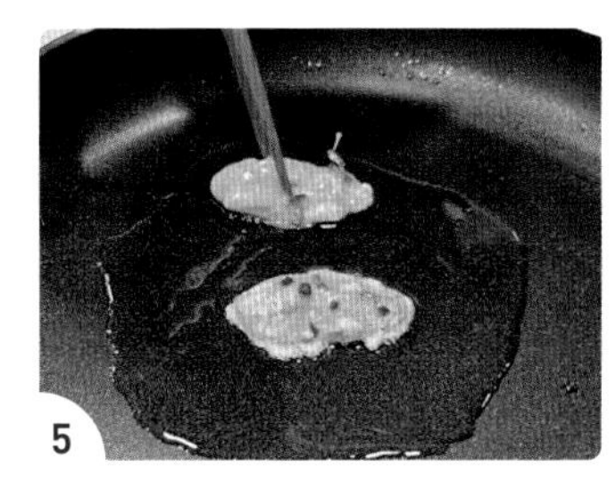

5

팬에 식용유를 두르고 밀가루 묻힌 굴을 달걀물에 담갔다가 부쳐 주세요.

6

굴 위에 달걀물에 있는 고추를 추가로 올려 주면 더욱 예쁜 굴전이 완성됩니다.

# 28 고깃집 양파 소스

미리 준비하기 양파 1개를 채 썰고 찬물에 담가 매운맛을 뺀 다음 물기를 제거해 주세요.

재료

**2인 세팅**

- 양파 1개
- 부추 10가닥

**소스(8인분)**

- 진간장 ½컵
- 물 ½컵(100mL)
- 청양고추 1개
- 겨자가루 1스푼
- 뜨거운 물 2스푼
- 설탕 3스푼
- 식초 5스푼
- 사이다 ⅓컵
- 레몬 ⅓개
- 소금 ¼스푼

겨자가루 1스푼을 뜨거운 물 2스푼에 개어 주세요.

물 ½컵(100mL)에 청양고추 1개를 채 썰어 넣고, 레몬 ⅓개의 즙을 짜 주세요.

즙을 짠 레몬을 3등분하고, 부추 10가닥을 5cm 간격으로 썰어 주세요.

겨자 갠 것에 청양고추+레몬즙을 체에 걸러 넣어서 겨자를 완전히 풀어 주세요.

소스 담을 용기에 겨자물, 진간장 ½컵, 사이다 ⅓컵, 설탕 3스푼, 식초 5스푼, 소금 ¼스푼, 3등분한 레몬을 넣고 골고루 섞어 주세요.

채 썬 양파, 부추를 세팅하고 양파 소스를 부어 주면 완성입니다.

# 29 고깃집 국물파절이

미리 준비하기 대파 3대의 뿌리와 이파리를 손질한 후 깨끗하게 씻어 주세요.

재료

- 대파 3대
- 고춧가루 1스푼
- 설탕 1스푼
- 다진 마늘 ½스푼
- 쇠고기 다시다 ¼스푼
- 진간장 3스푼
- 매실청 1스푼
- 식초 2스푼
- 연겨자 5cm
- 소금 ⅓스푼
- 참기름 1스푼
- 통깨 1스푼
- 갈아 만든 배 ½컵(100mL)

1

대파 3대를 바닥에 놓고 채칼로 밀어 주세요.

2

채 썬 대파를 찬물에 10분 이상 담가서 매운맛을 빼 주세요.

3

고춧가루 1스푼, 설탕 1스푼, 다진 마늘 ½스푼, 쇠고기 다시다 ¼스푼, 진간장 3스푼, 매실청 1스푼, 식초 2스푼, 연겨자 5cm, 소금 ⅓스푼, 참기름 1스푼, 갈아 만든 배 ½컵(100mL), 통깨 1스푼을 섞어서 양념을 만들어 주세요.

**point**— 갈아 만든 배가 없다면 배 ½개를 강판에 갈아서 사용하면 됩니다.

4

찬물에 담가 놓았던 대파를 1번 더 헹궈 주세요.

5

대파는 채반에 담아 물기를 충분히 빼 주세요.

6

양념에 대파를 적당량 덜어서 비벼 주면 완성입니다.

# 30 오이무침

재료

- 청오이 1개(250g)
- 청양고추 1개
- 고춧가루 깎아서 1스푼
- 설탕 ⅓스푼
- 다진 마늘 ½스푼
- 맛소금 2꼬집
- 진간장 1스푼
- 국간장 ½스푼
- 매실청 ½스푼
- 참기름 ½스푼
- 통깨 1스푼

청오이 1개(250g)의 껍질을 필러로 살짝 벗겨 주세요.

오이의 양 끝부분은 사용하지 않고, 두툼하게 썰어 주면 식감이 좋습니다.

청양고추 1개를 자잘하게 다져 주세요.

청오이+청양고추에 고춧가루 깎아서 1스푼, 설탕 ⅓스푼, 다진 마늘 ½스푼, 맛소금 2꼬집, 진간장 1스푼, 국간장 ½스푼, 매실청 ½스푼, 참기름 ½스푼, 통깨 ½스푼을 넣고 무쳐 주면 완성입니다.

**point**— 오이를 절이지 않았기 때문에 바로 먹어야 물이 생기지 않고 맛있게 먹을 수 있습니다.

# 31 고구마순무침

재료

- 고구마순 1단(600g)
- 물 ¼컵(50mL)
- 천일염 2스푼
- 고추장 2스푼
- 고춧가루 2스푼
- 청양고추 2개
- 홍고추 1개
- 양파 ½개
- 다진 마늘 1스푼
- 2배식초 3스푼
- 설탕 1½스푼
- 된장 1½스푼
- 통깨 1스푼
- 참기름 1스푼

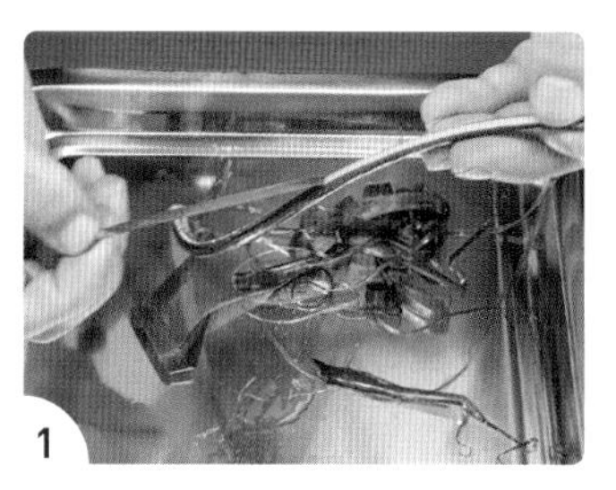

1

고구마순 1단(600g)을 물 $\frac{1}{4}$컵(50mL), 천일염 1스푼에 10분간 절인 후에 껍질을 벗겨 주세요.

**point**— 껍질을 벗길 때는 이파리 방향을 잡아서 벗겨야 쉽습니다.

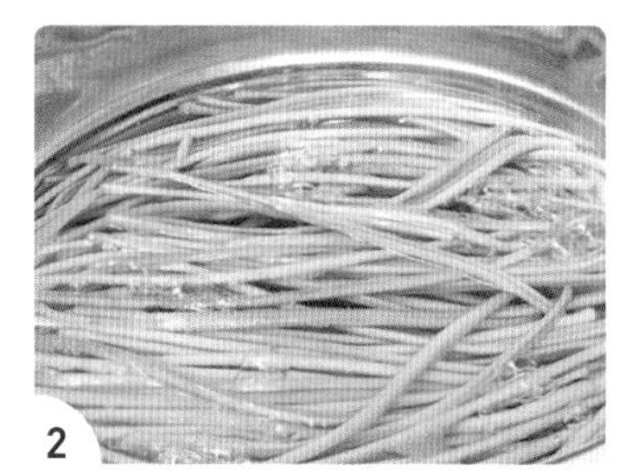

2

끓는 물에 천일염 1스푼을 풀고, 껍질 벗긴 고구마순을 넣어 5분 삶은 후에 찬물로 바로 식혀 주세요.

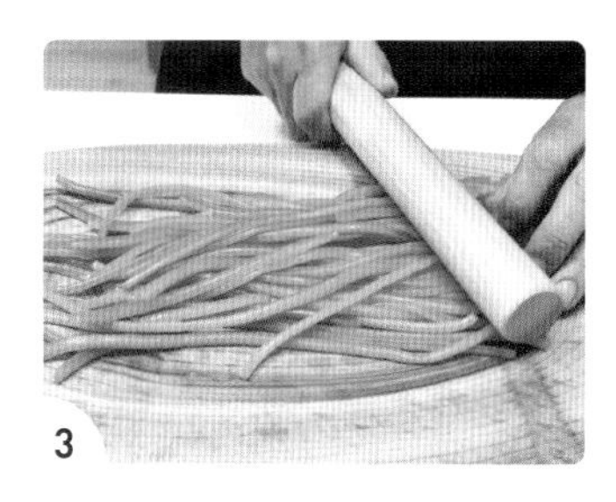

3

식힌 고구마순을 도마에 깔고 방망이로 여러 번 두들겨 준 다음, 5cm 간격으로 썰어 주세요.

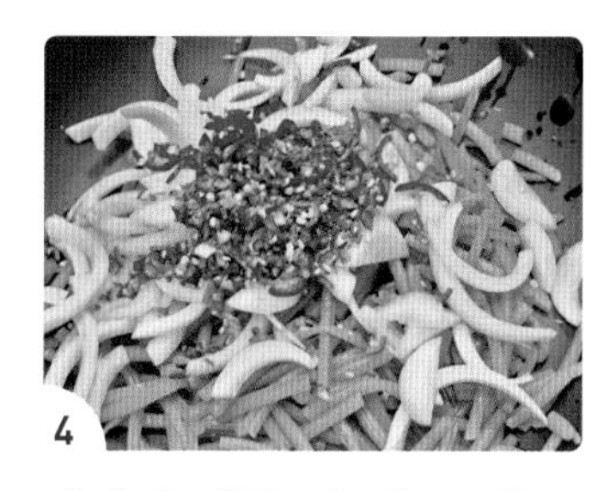

4

양파 $\frac{1}{2}$개를 채 썰고, 홍고추 1개, 청양고추 2개를 다져서 고구마순에 넣어 주세요.

5

고구마순에 다진 마늘 1스푼, 설탕 $1\frac{1}{2}$스푼, 고춧가루 2스푼, 2배식초 3스푼, 된장 $1\frac{1}{2}$스푼, 고추장 2스푼, 참기름 1스푼, 통깨 1스푼을 넣고 무쳐 주면 완성입니다.

# 32 흑임자연근무침

재료
- 연근 1개(290g)
- 물 500mL
- 천일염 ½스푼
- 식초 1스푼

**소스**
- 흑임자(검정깨) 5스푼(50g)
- 양파 ¼개
- 물 2스푼
- 식초 1스푼
- 소금 2꼬집
- 벌꿀 가득 1스푼
- 마요네즈 2스푼

1

연근 1개(290g)의 양 끝을 잘라 내고, 필러로 껍질을 벗긴 후 5mm 간격으로 썰어서 찬물에 바로 담가 주세요.

2

끓는 물 500mL에 천일염 ½스푼, 식초 1스푼을 풀고 연근을 넣어서 2분만 데친 후 찬물에 바로 담가 주세요.

**point**— 연근은 공기 중에 오래 있으면 변색이 정말 빨리 됩니다. 꼭 찬물에 담가 놓아 주세요.

3

흑임자 5스푼(50g)을 충분히 빻아 주세요.

4

믹서기에 양파 ¼개, 빻은 흑임자, 물 2스푼, 식초 1스푼, 소금 2꼬집, 벌꿀 가득 1스푼, 마요네즈 2스푼을 넣고 갈아서 소스를 만들어 주세요.

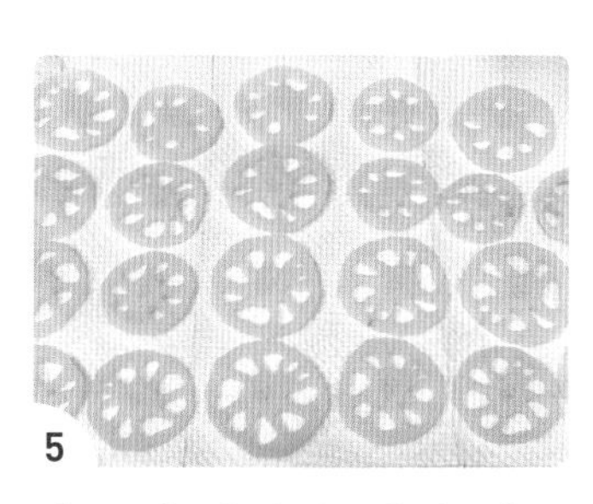

5

찬물에 담가 놓았던 연근을 키친타월을 이용해서 물기를 완전히 제거해 주세요.

6

연근에 소스를 넣고 살살 무쳐 주면 완성입니다.

# 33 오이고추된장무침

재료

- 오이고추 10개
- 양파 ½개
- 된장 가득 2스푼
- 고춧가루 ½스푼
- 땅콩 10개
- 설탕 ½스푼
- 참기름 ½스푼
- 통깨 1스푼

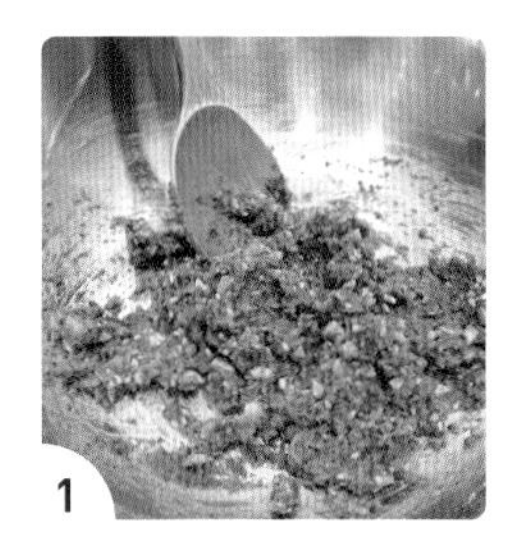

1 볼에 된장 가득 2스푼, 고춧가루 ½스푼, 빻은 땅콩 10개, 설탕 ½스푼, 참기름 ½스푼, 통깨 1스푼을 섞어서 양념을 만들어 주세요.

2 양파 ½개를 먹기 좋은 크기로 썰어서 볼에 넣어 주세요.

3 오이고추 10개의 꼭지를 떼어 내고, 1.5cm 간격으로 썰어서 볼에 넣어 주세요.

4 볼에 담긴 재료들을 섞어 주면 완성입니다.

# 국 / 찌개

- 꽃게탕
- 소고기김치찌개
- 참치김치찌개
- 돼지고기짜글이
- 호박찌개
- 소고기국밥
- 고깃집 된장찌개
- 쑥된장국
- 소고기미역국
- 달걀국
- 홍합탕
- 어묵탕
- 굴국밥

# 01 꽃게탕

**재료**

- 꽃게 3마리
- 바지락 12개
- 물 1.25L
- 베트남고추 5개
- 건다시마 5g
- 대파 1대
- 무 250g
- 콩나물 120g
- 청양고추 3개
- 양파 ½개
- 쑥갓 조금
- 팽이버섯 1봉지

**양념**

- 고춧가루 3스푼
- 된장 1스푼
- 다진 마늘 2스푼
- 다진 생강 ½스푼
- 소금 ⅔스푼
- 미원 2꼬집
- 멸치액젓 1스푼
- 해물 다시다 ½스푼
- 미림 3스푼

1

**꽃게 손질하기** 꽃게 3마리를 솔로 닦고, 날카로운 다리는 가위로 잘라 내 주세요. 배 쪽에 암수를 구분하는 딱지와 게딱지를 뜯어 아가미를 제거하고, 입은 가위로 잘라 주세요.

2

무 250g, 양파 ½개, 대파 1대, 청양고추 3개를 큼직하게 썰어 주세요.

3

**양념 만들기** 고춧가루 3스푼, 미림 3스푼, 다진 마늘 2스푼, 다진 생강 ½스푼, 된장 1스푼, 소금 ⅔스푼, 해물다시다 ½스푼, 멸치액젓 1스푼, 미원 2꼬집을 섞어서 양념을 만들어 주세요.

4

냄비에 물 1.25L, 건다시마 5g, 베트남고추 5개를 넣고 끓기 시작하면 준비한 무를 넣어 주세요. 끓을 때부터 5분 후에 다시마는 건져 주고, 5분 더 끓여 주세요.

**point—** 베트남고추가 없다면 청양고추를 조금 더 준비해 주세요.

5

물이 끓은 지 10분이 지나면 베트남고추를 건지고, 꽃게와 양념장을 풀어서 넣은 후에 뚜껑을 닫고 3분 끓여 주세요.

6

바지락 12개, 콩나물 120g, 준비한 청양고추, 양파를 넣은 후에 뚜껑을 닫고 5분 끓였다가 대파, 쑥갓 조금, 팽이버섯 1봉지를 넣으면 완성입니다.

**point—** 꽃게탕에 호박이 들어가면 국물이 걸쭉해지고 깔끔한 맛이 덜합니다.

# 02 소고기김치찌개

**재료**

- 소고기 갈빗살 250g
- 식용유 1스푼
- 양파 1개
- 미림 2스푼
- 다진 마늘 1스푼
- 배추김치 ¼포기
- 김치 국물 ½컵
- 설탕 ½스푼
- 물 800mL
- 새우젓 1스푼
- 고춧가루 2스푼
- 멸치액젓 1스푼
- 청양고추 2개
- 두부 200g
- 대파 1대

1

두부 200g을 먹기 좋게 썰고 대파 1대, 청양고추 2개, 양파 ½개를 채 썰어 주세요.

2

양파 ½개를 최대한 자잘하게 다져 주세요.

3

식용유 1스푼을 두른 팬에 소고기 갈빗살 250g을 넣고 중불로 볶아 주세요. 고기의 빨간색이 거의 없어지면 다져 놓은 양파를 넣고 계속 볶아 주세요.

**point**— 양파와 고기를 먼저 충분히 볶아 주면 김치찌개의 풍미가 확 살아납니다.

4

미림 2스푼, 다진 마늘 1스푼, 배추김치 ¼포기, 설탕 ½스푼, 김치 국물 ½컵을 순서대로 넣으면서 계속 볶아 주세요.

**point**— 설탕을 넣고 같이 볶아 주면 김치의 신맛을 잡아 줍니다.

5

물 800mL, 새우젓 1스푼, 고춧가루 2스푼, 멸치액젓 1스푼을 넣고 강불로 올려 주세요.

6

물이 끓어오르려고 할 때 준비한 양파, 청양고추를 넣고 뚜껑을 닫습니다. 중불로 5분 끓였다가 준비한 두부, 대파를 넣고 마무리하면 완성입니다.

# 03 참치김치찌개

**재료**

- 배추김치 ¼포기
- 다진 마늘 1스푼
- 설탕 ½스푼
- 물 3컵(600mL)
- 양파 ½개
- 청양고추 1개
- 새우젓 1스푼
- 멸치액젓 1스푼
- 고춧가루 1스푼
- 참치 1캔(200g)
- 두부 1팩(230g)
- 대파 1대

양파 ½개는 채 썰고, 대파 1대와 청양고추 1개는 어슷 썰어 주세요.

두부 1팩(230g)을 반으로 썰고, 1cm 두께로 썰어 주세요.

깊은 팬에 참치캔 국물을 붓고 김치 ¼포기, 다진 마늘 1스푼, 설탕 ½스푼을 넣은 후에 중강불로 같이 볶아 주세요.

김치가 어느 정도 볶이면 물 3컵(600mL), 새우젓 1스푼, 멸치액젓 1스푼, 준비한 양파, 청양고추, 고춧가루 1스푼을 넣고 중강불로 5분 끓여 주세요.

**point**— 김치마다 간이 다르기 때문에 반드시 간을 보면서 조절해 주세요.

참치 1캔(200g), 준비한 두부, 대파를 넣고 3분 더 끓여 주면 완성입니다.

# 04 돼지고기짜글이

**재료**

- 돼지고기 앞다릿살 340g
- 다진 마늘 1스푼
- 미림 1스푼
- 식용유 1스푼
- 양파 ½개
- 애호박 ½개
- 감자 1개
- 물 1컵(200mL)
- 대파 ½대
- 후추 2꼬집

**양념장**

- 고춧가루 수북하게 1스푼
- 새우젓 1스푼
- 멸치액젓 ½스푼
- 고추장 수북하게 1스푼
- 된장 ½스푼
- 청양고추 2개
- 설탕 ½스푼

1

돼지고기 앞다릿살 340g에 다진 마늘 1스푼, 미림 1스푼을 넣고 섞어서 15분간 밑간을 해 주세요.

2

양파 ½개, 감자 1개, 애호박 ½개, 청양고추 2개, 대파 ½대를 자잘하게 썰어 주세요.

3

고춧가루 수북하게 1스푼, 새우젓 1스푼, 멸치액젓 ½스푼, 고추장 수북하게 1스푼, 된장 ½스푼, 설탕 ½스푼, 잘게 썬 청양고추를 넣고 섞어 양념장을 미리 만들어 주세요.

4

팬에 밑간해 놓은 앞다릿살과 식용유 1스푼을 넣고 충분히 볶아 주세요.

5

준비한 감자, 호박, 양파를 넣고 강불로 2분 볶은 후에 양념장을 넣고 중불로 볶아 주세요.

**point**— 채소를 넣고 볶아서 수분이 나온 후에 양념장을 넣어야 타지 않습니다.

6

물 1컵(200mL)을 넣어 주고, 뚜껑을 닫은 채로 5분이 지나면 준비한 대파와 후추 2꼬집을 넣어 주세요. 다시 뚜껑을 닫고 약불로 5분 더 졸여 주면 완성입니다.

# 05 호박찌개

**재료**

- 둥근 호박 1개(410g)
- 새우젓 1스푼
- 멸치액젓 1스푼

**볶는 재료**

- 식용유 1스푼
- 양파 ½개
- 청양고추 3개
- 홍고추 1개
- 중간멸치 1줌
- 된장 ½스푼
- 다진 마늘 1스푼
- 물 ⅓컵(70mL)
- 고춧가루 수북하게 1스푼
- 설탕 ½스푼

**나머지 재료**

- 물 2컵(400mL)
- 대파 ½대
- 참기름 1스푼
- 국간장 ½스푼

등근 호박 1개(410g)를 큼직하게 썰고, 새우젓 1스푼, 멸치액젓 1스푼에 20분간 밑간을 해 주세요.

양파 ½개를 큼직하게 썰어서 팬에 놓아 주세요.

중간멸치 1줌을 가위로 자잘하게 잘라 주세요.

**point**— 멸치 씹히는 것이 싫다면 육수만 내도 좋습니다.

청양고추 3개, 홍고추 1개는 다져 주고, 대파 ½대는 어슷 썰어 주세요.

팬에 식용유 1스푼을 둘러서 양파만 1분 정도 볶다가 다진 마늘 1스푼, 준비한 청양고추, 홍고추, 멸치, 물 ⅓컵(70mL), 된장 ½스푼, 설탕 ½스푼, 고춧가루 수북하게 1스푼을 넣고 같이 볶아 주세요.

불을 세게 하고 물 2컵(400mL), 밑간해 놓은 호박을 넣고 뚜껑을 닫은 채로 5분 끓여 주세요. 대파, 참기름 1스푼, 국간장 ½스푼(간 보고 조절)을 넣고 중불로 5분 끓이면 완성입니다.

# 06 소고기국밥

**재료**

- 소고기 차돌양지 600g
- 토란대 100g
- 느타리버섯 70g
- 된장 ½스푼
- 무 200g
- 청양고추 2개
- 다진 마늘 1스푼
- 다진 생강 ¼스푼
- 고춧가루 수북하게 3스푼
- 물 1.5L
- 국간장 2스푼
- 소금 ½스푼
- 사골국물 300mL
- 콩나물 150g
- 쇠고기 다시다 ⅓스푼
- 대파 1대

끓는 물에 된장 ½스푼, 잘게 썬 토란대 100g을 풀어서 중불로 15분 삶은 후에 토란대만 건져서 식혀 주세요.

**point**— 된장을 풀어 토란대를 삶아 주면 토란의 알레르기 반응이 없어집니다.

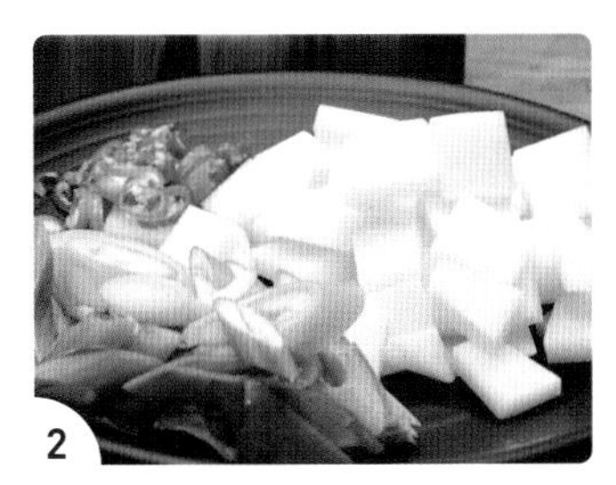


무 200g은 나박 썰고, 대파 1대는 채 썰고, 청양고추 2개는 자잘하게 다져 주세요.

소고기 차돌양지 600g을 냄비에 5분 볶고, 토란대를 넣어 같이 살짝만 볶아 주세요.

**point**— 기름이 적은 소고기의 다른 부위를 사용한다면 식용유를 약간 추가해 주세요.

냄비에 국간장 2스푼, 다진 마늘 1스푼, 고춧가루 수북하게 3스푼을 넣고 같이 3분 동안 볶아 주세요.

물 1.5L, 사골국물 300mL, 다진 생강 ¼스푼, 준비한 무, 청양고추를 넣은 후에 뚜껑을 닫고 끓어오르는 시점부터 중약불로 30분 끓여 주세요.

소금 ½스푼, 쇠고기 다시다 ⅓스푼, 느타리버섯 70g, 콩나물 150g을 넣고 다시 뚜껑을 닫은 후에 3분 끓였다가 준비한 대파를 넣고 마무리하면 완성입니다.

## 07 고깃집 된장찌개

**재료**

- 우삼겹 60g
- 미림 1스푼
- 된장 2스푼
- 쌈장 ½스푼
- 쇠고기 다시다 ⅓스푼
- 물 2스푼
- 다진 마늘 ½스푼
- 고춧가루 ½스푼
- 물 2컵(400mL)

**채소**

- 애호박 ½개
- 양파 ½개
- 청양고추 2개
- 팽이버섯 ½개
- 냉이 반 줌
- 대파 ½대
- 두부 100g

1

냉이 반 줌, 두부 100g, 애호박 ½개, 양파 ½개는 큼직하게 썰고, 대파 ½대, 청양고추 2개는 쫑쫑 썰어 주세요.

2

뚝배기에 중약불로 우삼겹 60g을 볶아 주다가 기름이 나오면 미림 1스푼, 된장 2스푼을 넣고 같이 볶아 주세요.

3

된장이 어느 정도 볶이면 쌈장 ½스푼, 쇠고기 다시다 ⅓스푼, 물 2스푼을 넣고 30초 동안 계속 볶아 주세요.

4

다진 마늘 ½스푼, 고춧가루 ½스푼을 넣고 1분 동안 볶아 주세요.

5

물 2컵(400mL), 애호박, 양파, 청양고추를 넣고 약불로 5분 끓여 주세요.

6

팽이버섯 ½개, 준비한 냉이, 대파, 두부를 올려서 마무리해 주세요.

# 08 쑥된장국

**재료**

- 쑥 150g
- 물 1.2L
- 굵은멸치 1줌
- 건다시마 10g
- 된장 수북하게 2스푼
- 쇠고기 다시다 ⅓스푼
- 다진 마늘 ½스푼
- 대파 흰 부분 15cm

쑥 150g이 잠기게 물을 넣고, 천일염 1스푼을 풀어 30분간 불렸다가 두 번 헹궈 주세요.

**육수 만들기** 물 1.2L, 굵은멸치 1줌, 건다시마 10g을 냄비에 5분 끓이다가 다시마는 건져 주고, 멸치는 5분 더 끓여서 총 10분 끓여 주세요.

씻은 쑥은 큼직하게, 대파 흰 부분 15cm는 자잘하게 썰어 주세요.

냄비에 된장 수북하게 2스푼, 다진 마늘 ½스푼, 쇠고기 다시다 ⅓스푼, 멸치육수 ½국자를 넣고 중약불로 2분 볶아 주세요.

멸치육수, 쑥을 넣고 강불로 5분 끓인 후에 간을 보고, 국간장으로 조절해 주세요.

간이 맞다면 대파 흰 부분을 넣고 한소끔 끓여 주면 완성입니다.

# 09 소고기미역국

미리 준비하기 건미역 25g을 30분 동안 불려 주세요.

**재료**

- 건미역 25g
- 소고기 양지 250g
- 참기름 1스푼
- 국간장 2스푼
- 물 1차 600mL
- 물 2차 700mL
- 다진 마늘 ½스푼
- 소금 ⅓스푼
- 멸치액젓 1스푼

불린 건미역을 흐르는 물에 1번 씻고 적당한 크기로 썰어 주세요.

키친타월을 이용해 소고기 양지 250g의 핏물을 살짝 빼 주고, 냄비에 참기름 1스푼을 넣고 볶아 주세요.

소고기의 빨간색이 없어지면 준비한 미역, 국간장 2스푼을 넣고 강불로 3분 정도 같이 볶아 주세요.

1차로 물 600mL를 부어 준 다음, 뚜껑을 닫고 중불로 10분 끓여 주세요.

2차로 물 700mL를 부어 준 다음, 다진 마늘 ½스푼, 소금 ⅓스푼, 멸치액젓 1스푼을 넣고 저어 주세요. 중약불로 조절하고 뚜껑을 닫은 채로 30분 끓이면 완성입니다.

**point**— 깔끔한 국물을 원한다면 다진 마늘은 빼고, 소금은 취향에 맞게 조절하세요.

## 10 달걀국

미리 준비하기 대파 15cm를 쫑쫑 썰어 주세요.

**재료**

- 달걀 3개
- 소금 2꼬집
- 물 1L
- 중간멸치 반 줌
- 건다시마 5g
- 국간장 ½스푼
- 새우젓 ½스푼
- 다진 마늘 ½스푼
- 대파 15cm

1

물 1L가 끓을 때 중간멸치 반 줌, 건다시마 5g을 넣고, 5분이 지나면 다시마는 건져 주고 7분이 지나면 멸치를 건져 주세요.

2

달걀 3개에 소금 2꼬집을 넣고 살짝 풀어 주세요.

**point—** 알끈을 젓가락으로 건져 주어야 나중에 깔끔한 달걀국이 완성됩니다.

3

새우젓 ½스푼을 가위로 자잘하게 다져 주세요.

4

멸치육수에 달걀물을 붓고, 바로 젓지 말고 20초 정도 가만히 놓은 후에 저어 주세요.

5

다진 마늘 ½스푼, 준비한 새우젓, 대파를 넣고 국간장 ½스푼으로 간을 맞춰 주면 완성입니다.

# 11 홍합탕

**재료**

- 홍합 600g
- 물 800mL
- 밀가루 1스푼
- 청양고추 1개
- 홍고추 ½개
- 마늘 3개
- 맛소금 ⅓스푼
- 대파 1대

1

홍합 600g에 물을 받고 밀가루 1스푼을 풀어 바락바락 씻은 후에 두 번 헹궈 주세요.

**point**— 껍데기 깨진 것에 다칠 수 있으니 꼭 고무장갑을 착용해 주세요.

2

홍합 족사를 잡아당겨 제거해 주세요.

3

마늘 3개를 편 썰고, 대파 1대, 청양고추 1개, 홍고추 ½개를 쫑쫑 썰어 주세요.

4

냄비에 홍합, 물 800mL, 편 썬 마늘을 넣고 뚜껑을 닫은 채로 가열하다가 물이 끓어오르면 홍합을 위아래로 뒤집어 주세요.

**point**— 불순물이 뜨면 제거해 주세요.

5

국물을 한 국자 떠서 맛소금 ⅓스푼을 녹여 넣어 주세요.

6

준비한 대파, 청양고추, 홍고추를 넣고 뚜껑을 닫은 채로 2분 끓이면 완성입니다.

# 12 어묵탕

미리 준비하기 진간장 3스푼, 물 1스푼, 설탕 ¼스푼, 대파 흰 부분 7cm와 청양고추 1개를 자잘하게 썰고, 모든 재료를 섞어 어묵 찍어 먹을 소스를 만들어 주세요.

**재료**

- 모둠 어묵 1봉지(342g)
- 물 500mL
- 떡볶이 떡 6개
- 진간장 1스푼
- 국간장 1스푼
- 미림 3스푼
- 소금 ½스푼
- 후추 2꼬집
- 쇠고기 다시다 ½스푼
- 대파 1대
- 꼬치 4개
- 쑥갓 조금
- 홍고추 1개

**육수**

- 물 1.5L
- 양파 ½개
- 무 300g
- 굵은 멸치 1줌
- 절단 꽃게 1마리
- 건다시마 10g
- 마늘 3개
- 청양고추 2개

**소스**

- 진간장 3스푼
- 물 1스푼
- 설탕 ¼스푼
- 대파 흰 부분 7cm
- 청양고추 1개

1

무 300g은 먹기 좋게 썰고, 양파 ½개는 3등분으로 썰어 주세요.

2

마늘 3개는 편 썰고, 대파 1대는 굵직하게 썰고, 홍고추 1개는 채 썰고, 청양고추 2개는 가위로 칼집만 내 주세요.

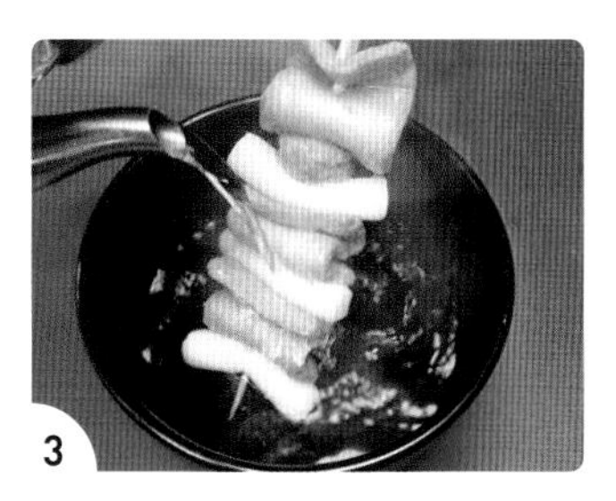

3

꼬치에 모둠 어묵 1봉지, 떡볶이 떡 6개를 꽂고, 뜨거운 물을 부어 가며 어묵의 기름을 제거해 주세요.

4

냄비에 물 1.5L, 썰어 둔 양파, 무, 전자레인지에 30초 돌린 굵은멸치 1줌, 건다시마 10g을 넣고 끓여 주세요. 끓은 지 7분이 지나면 다시마는 건져야 합니다.

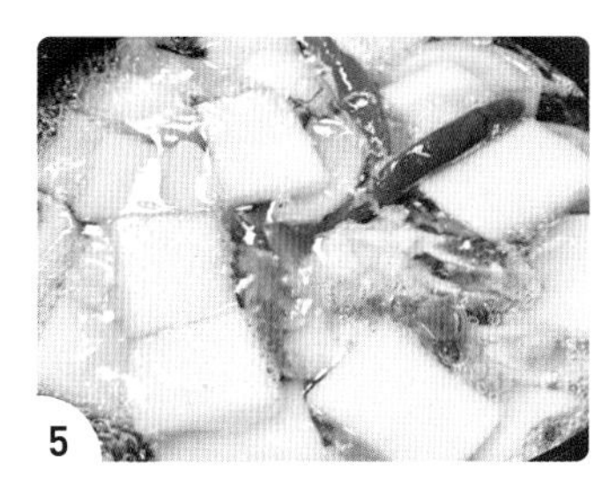

5

7분 후에 절단 꽃게 1마리를 넣고 뚜껑을 닫은 채로 3분 더 끓인 후에 멸치를 건져 주세요. 준비한 청양고추, 마늘을 넣고 충분히 끓여 주세요.

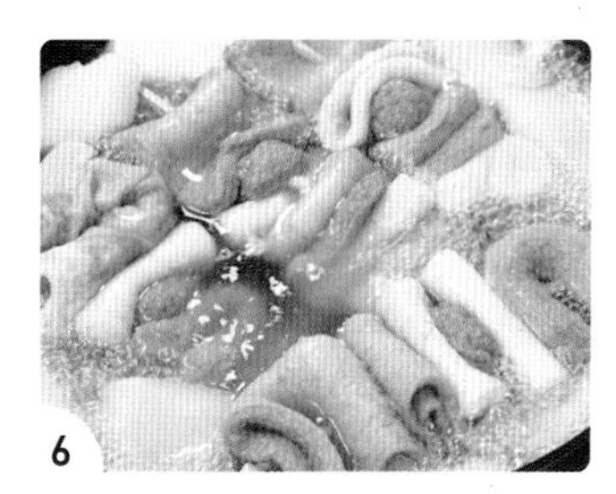

6

육수가 잘 우러나오면 양파는 건지고 물 500mL, 진간장 1스푼, 국간장 1스푼, 미림 3스푼, 소금 ½스푼, 꼬치 어묵, 쇠고기 다시다 ½스푼, 준비한 대파, 홍고추, 쑥갓 조금, 후추 2꼬집을 순서대로 넣어 주면 완성입니다.

# 13 굴국밥

**미리 준비하기** 국밥에 넣을 미역을 조금만 물에 불려 주세요.
천일염 1스푼을 녹인 물에 생굴 300g을 넣고 살살 씻어 주세요.

**재료**

- 생굴 300g
- 무 250g
- 콩나물 100g
- 불린 미역 조금
- 물 1.4L
- 중간멸치 1줌
- 건새우 반 줌
- 청양고추 1개
- 다진 마늘 ½스푼
- 새우젓 1스푼
- 국간장 1스푼
- 소금 ¼스푼
- 대파 ½대
- 부추 50g
- 밥 1공기
- 달걀 1개

냄비에 물 1.4L, 무 250g을 약간 두껍게 채 썰어 넣고, 전자레인지에 30초 돌린 중간멸치 1줌과 건새우 반 줌을 다시백에 넣어 같이 끓여 주세요.

대파 ½대는 3cm 간격으로 썰고, 청양고추 1개는 채 썰고, 부추 50g은 3등분해 주세요.

물이 끓은 지 10분이 지나면 다시백을 건져 주고 콩나물 100g, 준비한 청양고추를 넣어 주세요.

냄비에 생굴 300g, 새우젓 1스푼, 불린 미역, 다진 마늘 ½스푼을 넣고 간을 봐 주세요.

**point—** 떠오르는 불순물은 국자로 제거해 주세요.

간이 심심하다면 국간장 1스푼, 소금 ¼스푼을 넣고, 준비한 대파, 부추를 넣어 마무리해 주세요.

밥이 담긴 뚝배기에 따로 담아 달걀 1개를 올리면 완성입니다.

# 김치

- □ 깍두기
- □ 무김치
- □ 가을무생채
- □ 배추겉절이
- □ 초롱무알타리김치
- □ 얼갈이열무김치
- □ 대파김치
- □ 쪽파김치
- □ 깻잎김치
- □ 얼갈이물김치
- □ 얼갈이열무물김치
- □ 알배추물김치
- □ 봄동물김치
- □ 봄 물김치
- □ 초롱무물김치
- □ 겨울 동치미
- □ 옛날 오이지
- □ 오이소박이

01

# 깍두기

재료

- 무 1개(2kg)
- 천일염 2스푼
- 뉴슈가 ⅓스푼
- 양파 1개
- 사과 ½개
- 홍고추 5개
- 고춧가루 ½컵
- 대파 2대
- 멸치액젓 2스푼
- 마늘 8개
- 생강 ½톨
- 새우젓 2스푼
- 식은 밥 2스푼

무 1개(2kg)를 깍둑 썰고, 천일염 2스푼 + 뉴슈가 ⅓스푼을 골고루 섞어서 40분 절여 주세요.(절이는 동안 두 번 정도 위아래로 뒤집어 주세요.)

대파 2대를 반으로 나누고 3~4cm 길이로 썰어 주세요. 멸치액젓 2스푼을 넣고 섞은 후에 40분 절여 주세요.

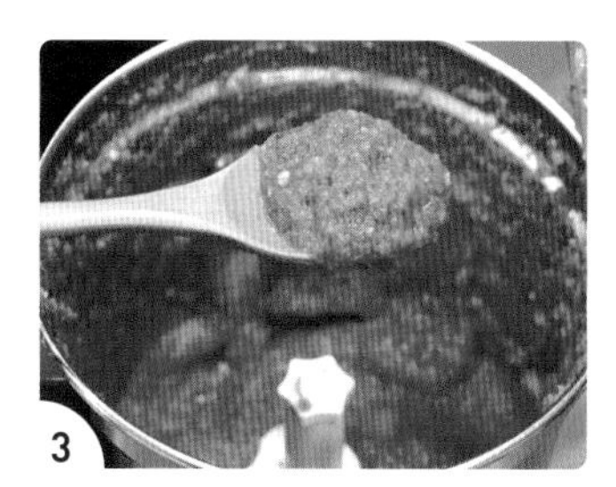


**양념 만들기** 양파 1개, 사과 ½개, 홍고추 5개, 생강 ½톨, 마늘 8개를 믹서기에 갈기 좋게 썰고, 식은 밥 2스푼, 새우젓 2스푼과 함께 믹서기에 갈아 주세요.

40분 절인 무를 씻지 말고 채반에 바로 부어서 물기를 10분 동안 빼 주세요.

**point—** 월동무를 사용했기 때문에 절대 씻으면 안 됩니다. 여름 무는 매운맛을 빼야 해서 물로 씻어 주고, 간을 조절해 주세요.

물기 뺀 무에 고춧가루 ½컵을 넣고 겉면에 코팅을 해 주면 깍두기가 더 먹음직스럽게 보입니다.

코팅된 무, 양념, 절인 대파(액젓까지 사용)를 골고루 버무리면 완성입니다.

**보관 방법**

김치통에 옮겨서 시원한 베란다에 하루 보관한 후, 국물이 생기면 한 번 저어 주고 냉장실(김치냉장고 ×)로 옮겨서 3일 이상 보관한 후 먹으면 됩니다.

## 02 무김치

재료

- 월동무 2개(3.2kg)
- 대파 흰 부분 3대
- 뉴슈가 ½스푼
- 천일염 가득 2스푼
- 고춧가루 1컵

**믹서기에 갈 재료**

- 양파 1개
- 마늘 1줌
- 생강 1톨
- 건고추 7개(30g)
- 사과 ½개
- 식은 밥 2스푼
- 새우젓 수북하게 3스푼
- 멸치액젓 3스푼
- 소주 ½컵

1

월동무 2개(3.2kg)를 각각 4등분한 후 연필 깎듯이 굵직하게 썰어 주세요.

**point**— 끝부분은 도마에 놓고 써는 것이 안전합니다.

2

대파 흰 부분 3대를 3cm 간격으로 썰고, 무와 함께 뉴슈가 ½스푼, 천일염 가득 2스푼을 뿌려 1시간 절여 주세요.

3

건고추 7개를 가위로 적당히 자르고 새우젓 수북하게 3스푼, 멸치액젓 3스푼, 식은 밥 2스푼을 넣고 섞어서 불려 주세요.

4

양파 1개, 사과 ½개(씨 제거), 생강 1톨, 마늘 1줌, 불린 건고추, 소주 ½컵을 믹서기에 넣고 갈아 주세요.

5

총 1시간 절인 무와 대파를 채반에 받쳐서 물기를 뺀 후 고춧가루 1컵을 넣고 코팅해 주세요.

6

믹서기에 간 것을 붓고 골고루 섞어 주면 완성입니다.

## 03 가을무생채

재료

- 무 ½개(600g)
- 쪽파 7가닥
- 배 ¼개
- 귤 1개
- 고춧가루 2½스푼
- 다진 마늘 1스푼
- 다진 생강 ½스푼
- 새우젓 국물 1스푼
- 까나리액젓 1스푼
- 소금 ¼스푼
- 설탕 ¼스푼
- 매실청 1스푼
- 통깨 1스푼

무 ½개(600g)는 양쪽 끝을 자르고, 지저분한 부분을 필러로 깎은 후에 채칼로 채 썰어 주세요.

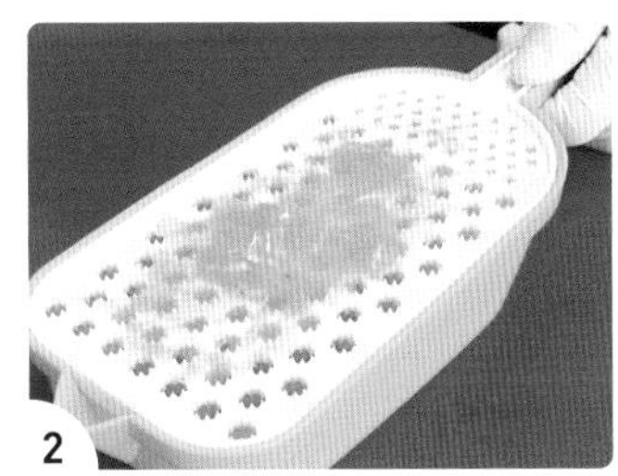


쪽파 7가닥을 5cm 간격으로 썰고, 배 ¼개와 귤 1개를 강판에 갈아 주세요.

**point—** 채칼과 강판을 사용할 때는 반드시 장갑을 착용하세요.

무에 고춧가루 2½스푼을 넣고 코팅해 주세요.

강판에 간 배와 귤을 넣어 주세요.

다진 생강 ½스푼, 새우젓 국물 1스푼, 까나리액젓 1스푼, 매실청 1스푼, 소금 ¼스푼, 설탕 ¼스푼을 넣고 버무려 주세요.

**point—** 가을무는 약간 맵기 때문에 설탕을 꼭 넣어 주세요.

준비한 쪽파, 통깨 1스푼을 넣어 무쳐 주면 완성입니다.

# 04 배추겉절이

미리 준비하기 쪽파 반 줌, 부추 반 줌을 큼직하게 썰고, 무 150g은 채 썰어 주세요.

재료

- 배추 1포기(2.3kg)
- 무 150g
- 쪽파 반 줌
- 부추 반 줌
- 천일염(배추 절일 때 1컵, 최종 간 ⅓스푼)
- 고춧가루 수북하게 1컵
- 물엿 2스푼
- 매실청 3스푼
- 통깨 1스푼

**믹서기에 갈 재료**

- 배 ½개
- 양파 ½개
- 청양고추 1개
- 홍고추 2개
- 건고추 10개
- 멸치액젓 5스푼
- 새우젓 2스푼
- 식은 밥 3스푼
- 마늘 1줌
- 멸치생젓 2스푼 + 물 ½컵

배추 1포기(2.3kg)를 겉절이에 맞게 썰고, 한 번 씻은 후에 천일염 1컵, 물 1컵을 넣고 40분 동안 절여 주세요.

**point—** 40분 절이는 동안 중간에 한 번 위아래로 뒤집어 주세요.

냄비에 물 ½컵, 멸치생젓 2스푼(국물 포함)을 넣고, 저으면서 끓여 주세요. 확 끓어오르면 불을 끄고 충분히 식혀 주세요.

건고추 10개를 믹서기에 갈기 좋게 썰고, 새우젓 2스푼, 식은 밥 3스푼, 멸치액젓 5스푼, 끓여 놓은 멸치생젓을 체에 밭쳐 뼈를 거르고, 모두 잘 섞은 후에 20분 불려 주세요.

**양념 만들기** 양파 ½개, 배 ½개, 마늘 1줌, 홍고추 2개, 청양고추 1개를 적당히 썰어서 믹서기에 넣고, 불린 건고추도 함께 넣고 갈아 주세요.

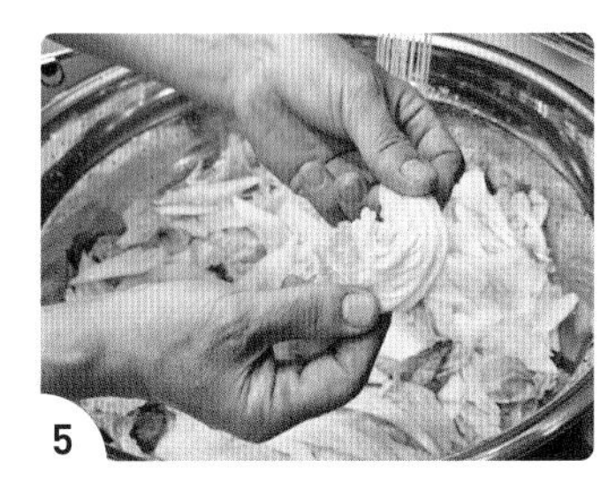


40분 절인 배추를 물을 갈아 가며 두 번 씻은 다음 물기를 빼 주세요.

**point—** 배추가 겨우 부러지지 않을 정도가 알맞게 절여진 상태입니다.

믹서기에 간 양념에 고춧가루 수북하게 1컵, 매실청 3스푼, 물엿 2스푼, 천일염 ⅓스푼을 섞어 주세요. 준비한 무, 쪽파, 부추를 골고루 섞고, 물기 뺀 배추를 넣고 버무린 후 통깨 1스푼을 뿌려 주면 완성입니다.

**point—** 최종 간을 천일염 ⅓스푼으로 했지만 배추를 넣기 전에 반드시 양념 간을 보고 천일염을 조금씩 넣으면서 조절해 주세요.

# 05 초롱무알타리김치

**미리 준비하기** 물을 채운 싱크대에 초롱무를 넣고 30분 정도 담가 주세요.
대파 6대를 4cm 간격으로 썰어서 멸치액젓 ⅓컵을 넣어 1시간 절여 주세요.
건고추를 가위로 3등분해 주세요.

**재료**

- 초롱무 2박스(10kg)
- 천일염 2컵
- 뉴슈가 ½스푼
- 물 1컵(200mL)
- 대파 6대
- 멸치액젓 ⅓컵(70mL)
- 고춧가루 1컵
- 설탕 1스푼
- 소금 1스푼(최종 간)

**믹서기에 갈 재료**

- 건고추 200g
- 홍고추 7개
- 새우젓 1컵
- 멸치액젓 ⅔컵(140mL)
- 생강 3톨
- 사과 1개
- 배 ½개
- 사골국물 300mL
- 식은 밥 1공기
- 생수 ½컵(100mL)
- 마늘 2줌(150g)
- 매실청 ⅓컵(70mL)

1

물에 담가 놓은 초롱무 2박스(10kg)를 수세미로 닦아 흙을 제거해 주세요.

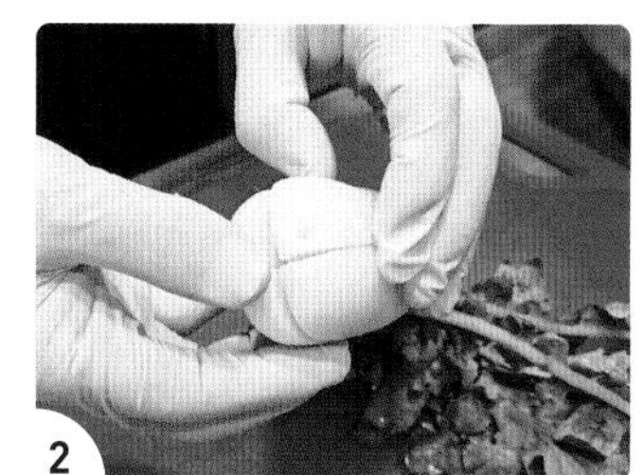

2

**초롱무 손질하기** 칼집을 두 번 넣어 십자 모양을 만들어 주세요.

3

손질한 초롱무에 천일염 2컵과 뉴슈가 ½스푼 + 물 1컵(200mL)을 섞어서 넣고, 위아래로 골고루 뒤집어 주세요. 이후 비닐을 덮어 1시간 30분 절여 주세요.

4

건고추 200g, 새우젓 1컵, 식은 밥 1공기, 사골국물 300mL, 멸치액젓 ⅔컵(140mL)을 골고루 섞어서 30분 불려 주세요.

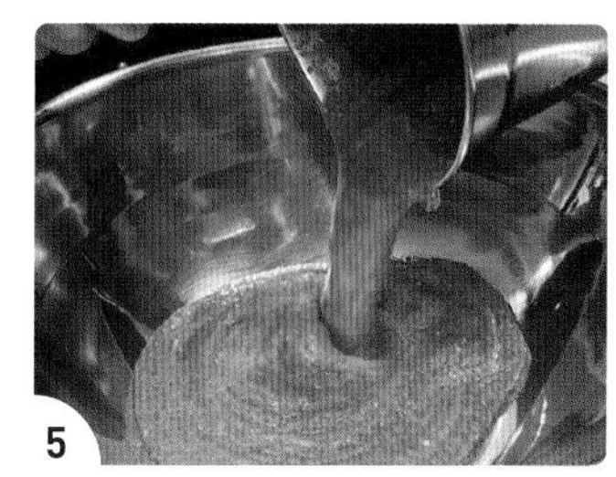

5

배 ½개(껍질, 씨 제거), 사과 1개(씨 제거), 홍고추 7개, 생강 3톨, 마늘 2줌(150g)을 믹서기에 갈기 좋게 썰고, 매실청 ⅓컵(70mL)과 함께 믹서기에 갈아 주세요.

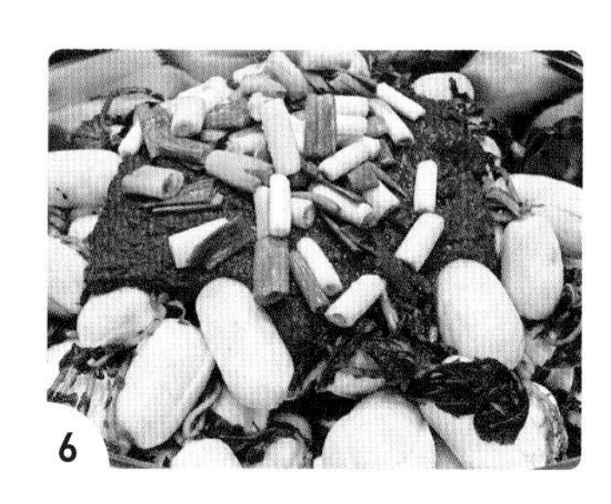

6

건고추 불린 것을 믹서기에 넣고 생수 ½컵(100mL)과 함께 갈고, 고춧가루 1컵, 설탕 1스푼, 소금 1스푼을 추가해 주세요. 이후 절여진 초롱무를 두 번 씻고 30분간 물기를 빼 주세요. 양념과 대파를 넣어 버무리면 완성입니다.

# 06 얼갈이열무김치

**미리 준비하기** 쪽파 1줌을 5cm 간격으로 썰어 주세요.
양파 ½개를 채 썰어 주세요.

재료

- 열무 1단(1.8kg)
- 얼갈이 1단(1kg)
- 천일염 1컵
- 물 3L
- 양파 ½개
- 쪽파 1줌
- 고춧가루 7부
- 설탕 2스푼
- 매실청 1스푼

**믹서기에 갈 재료**

- 사과 ½개
- 양파 ½개
- 홍고추 5개
- 식은 밥 3스푼
- 건고추 15개
- 마늘 1줌
- 생강 1톨
- 새우젓 수북하게 2스푼
- 멸치액젓 ⅓컵(70mL)
- 멸치생젓 수북하게 1스푼 + 국물 1스푼
- 물 1½컵(300mL)

1

열무 1단(1.8kg)은 4등분해서 썰고, 뿌리 끝을 조금 잘라 낸 후 묻어 있는 흙을 칼로 긁어낸 다음 2등분해 주세요. 얼갈이 1단(1kg)은 뿌리 부분을 조금 잘라 내고, 자잘한 잎은 그대로 사용하고 굵은 부분은 7cm 길이로 썰어 주세요.

2

손질한 열무와 얼갈이에 물을 채워서 한 번만 씻은 후, 물 3L에 천일염 7부를 녹인 물에 넣어 골고루 뒤집어 주세요. 천일염 3부를 위에 뿌리고 1시간 절인 후에 두 번 씻어서 물기를 빼고 준비해 주세요.

3

냄비에 멸치생젓 수북하게 1스푼 + 국물 1스푼, 물 ½컵(100mL)을 넣고, 끓어오르는 시점부터 20초가 지나면 불을 끄고 식혀 주세요.

4

건고추 15개를 가위로 3등분하고, 새우젓 수북하게 2스푼, 멸치액젓 ⅓컵(70mL), 식은 밥 3스푼, 멸치생젓 끓인 것을 체에 걸러 모두 섞은 후에 30분 동안 불려 주세요.

5

양파 ½개, 사과 ½개(씨 제거), 홍고추 3개, 생강 1톨, 마늘 1줌, 불린 건고추, 물 1컵(200mL)을 믹서기에 넣고 갈아 주세요.

6

믹서기로 간 양념에 고춧가루 7부, 설탕 2스푼, 매실청 1스푼을 섞고 짭조름한지 간을 봐 주세요. 간이 맞다면 물기 뺀 열무, 얼갈이, 준비한 양파, 쪽파를 넣어 골고루 섞어 주면 완성입니다.

# 07 대파김치

재료

- 대파 2단(2kg)
- 멸치액젓 7부(140mL)
- 뉴슈가 ⅓스푼
- 천일염 2스푼
- 고춧가루 ½컵
- 설탕 1스푼
- 매실청 2스푼

**믹서기에 갈 재료**

- 무 150g
- 배 ¼개
- 양파 ½개
- 건고추 10개
- 마늘 8개
- 생강 1톨
- 새우젓 2스푼
- 식은 밥 3스푼
- 소주 ⅓컵
- 사골국물 ½컵

대파 2단(2kg)의 뿌리와 이파리 끝부분을 잘라 내고 손질해서 1.5kg입니다. 깨끗하게 씻은 대파를 5cm 간격으로 큼직하게 썰어 주세요.

대파에 멸치액젓 7부(140mL), 뉴슈가 ⅓스푼, 천일염 2스푼을 골고루 섞고 비닐을 덮어서 1시간 절여 주세요.

**point—** 절이는 중간에 위아래로 한 번 뒤집어 주면 대파가 더 잘 절여집니다.

건고추 10개를 가위로 잘게 자르고 식은 밥 3스푼, 새우젓 2스푼, 사골국물 ½컵, 소주 ⅓컵을 섞은 후에 30분 동안 불려 주세요.

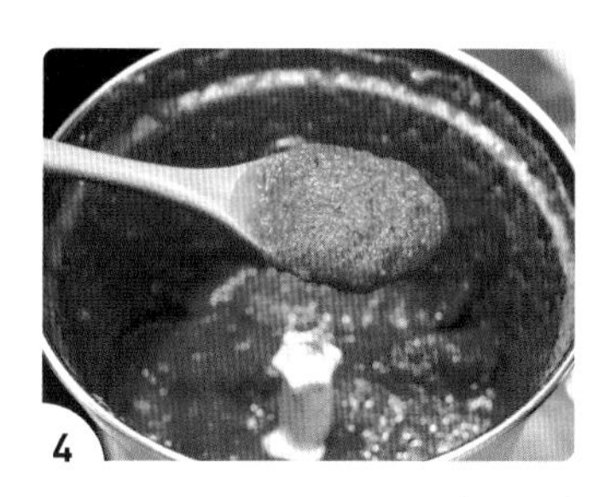


**양념 만들기** 무 150g, 배 ¼개(껍질, 씨 제거), 양파 ½개, 생강 1톨, 마늘 8개를 믹서기에 갈기 좋게 썰고, 불린 건고추를 함께 믹서기에 갈아서 양념을 만들어 주세요.

절여진 대파에 믹서기에 간 양념, 고춧가루 ½컵, 설탕 1스푼, 매실청 2스푼을 넣고 골고루 섞어 주면 완성입니다.

**보관 방법**

시원한 베란다에 2일 동안 두었다가, 냉장실로 옮겨 3일 숙성한 후에 먹으면 더욱 맛있습니다.(여름철에는 실온에 반나절 두었다가 냉장실에서 숙성해 주세요.)

08 

# 쪽파김치

미리 준비하기 물 7부(140mL)에 찹쌀가루 1스푼을 넣고 끓여서 찹쌀풀 ½컵을 만들어 주세요.

재료

- 쪽파 1단(1kg)
- 고춧가루 8부(75g)
- 물엿 1스푼
- 설탕 1스푼
- 매실청 2스푼
- 통깨 1½스푼

**믹서기에 갈 재료**

- 사과 ½개
- 양파 ½개
- 생강 1톨
- 건고추 15개
- 멸치생젓 건더기 1스푼 + 국물만 1스푼
- 물 ½컵(100mL)
- 멸치액젓 ½컵
- 찹쌀풀 ½컵
- 새우젓 수북하게 1스푼

**찹쌀풀**

- 찹쌀가루 1스푼
- 물 7부(140mL)

1

쪽파 1단(1kg)을 30분 동안 물에 담가 놓았다가 한 움큼씩 잡고 양손으로 비비면서 흐르는 물에 씻어 주세요.

2

멸치생젓 건더기 1스푼 + 국물만 1스푼, 물 ½컵(100mL)을 냄비에 넣고 충분히 끓인 후에 불을 끄고 식혀 주세요.

3

건고추 15개를 가위로 3~4등분해서 잘라 주고, 멸치생젓 끓인 것을 체에 밭쳐 부은 후에 건고추와 잘 섞어 20분 불려 주세요.

4

**양념 만들기** 사과 ½개(씨 제거), 양파 ½개, 생강 1톨을 믹서기에 갈기 좋게 썰고, 새우젓 수북하게 1스푼, 멸치액젓 ½컵(100mL), 찹쌀풀 ½컵, 불린 건고추를 넣어서 함께 믹서기에 갈아 주세요.

5

양념에 설탕 1스푼, 매실청 2스푼, 물엿 1스푼, 고춧가루 8부(75g)를 넣고 섞어 주세요.

**point—** 이때 간을 봐 주세요. 쪽파에서 수분이 나오기 때문에 약간 간간한 정도가 좋습니다.

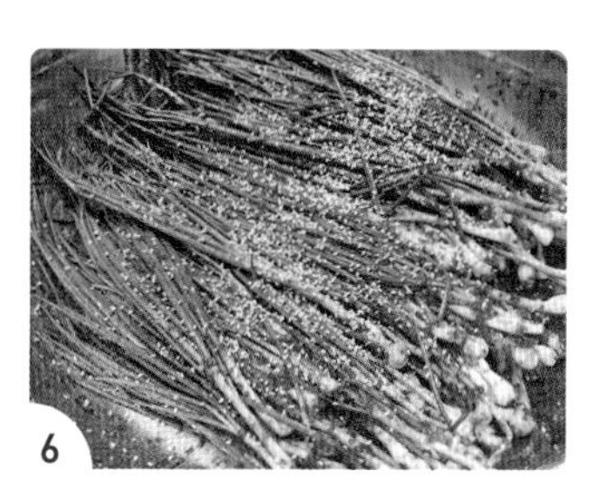
6

쪽파를 양념에 골고루 묻히고 통깨 1½스푼을 뿌려 주면 완성입니다.

09

# 깻잎김치

재료

- 깻잎 80장
- 식초 1스푼
- 양파 ½개
- 청양고추 2개
- 홍고추 2개
- 쪽파 7가닥

**양념**

- 고춧가루 4스푼
- 다진 마늘 1스푼
- 진간장 4스푼
- 멸치액젓 2스푼
- 매실청 1스푼
- 설탕 2스푼
- 물 ¼컵
- 참기름 1스푼
- 통깨 1스푼

1

깻잎 80장은 끝부분을 가위로 살짝 잘라낸 후에 식초 1스푼을 푼 물에 10분간 담가서 잔류농약을 제거해 주세요. 10분 후에 흐르는 물에 씻고, 물기를 빼 주세요.

2

양파 ½개, 쪽파 7가닥, 청양고추 2개, 홍고추 2개를 자잘하게 다져 주세요.

3

채소 다진 곳에 설탕 2스푼, 고춧가루 4스푼, 다진 마늘 1스푼, 진간장 4스푼, 멸치액젓 2스푼, 매실청 1스푼, 참기름 1스푼, 물 ¼컵, 통깨 1스푼을 섞어서 양념을 만들어 주세요.

**point**— 깻잎김치는 오래 두고 먹는 김치가 아니기 때문에 참기름을 넣습니다.

4

깻잎을 1줌씩 바닥에 깔고, 아래부터 양념을 끼얹으면서 덮어 주면 완성입니다.

10

# 얼갈이물김치

미리 준비하기 양파 1개를 채 썰어 주세요.

재료

- 얼갈이 2단(3.2kg)
- 천일염 1컵
- 쪽파 1줌
- 양파 1개
- 생수 4L
- 뉴슈가 ⅓스푼
- 설탕 2스푼
- 소금 3스푼(간 맞출 때)

**믹서기에 갈 재료**

- 배 ½개
- 사과 ½개
- 양파 ½개
- 마늘 1줌
- 생강 1톨
- 홍고추 7개
- 청양고추 5개
- 고춧가루 2스푼
- 새우젓 2스푼
- 멸치액젓 ⅓컵(70mL)
- 식은 밥 ½공기
- 생수 3컵(600mL)

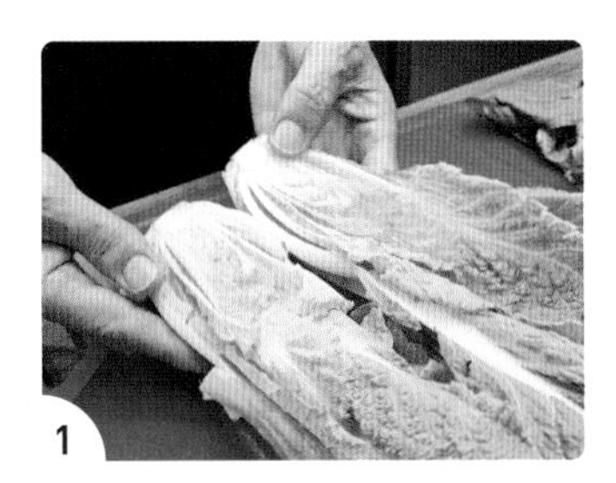

1

**얼갈이 손질하기** 뿌리 쪽은 살짝 잘라 내고 반으로 한 번만 썰어, 통에 가득 채운 물에 살짝 한 번 씻어 주세요.

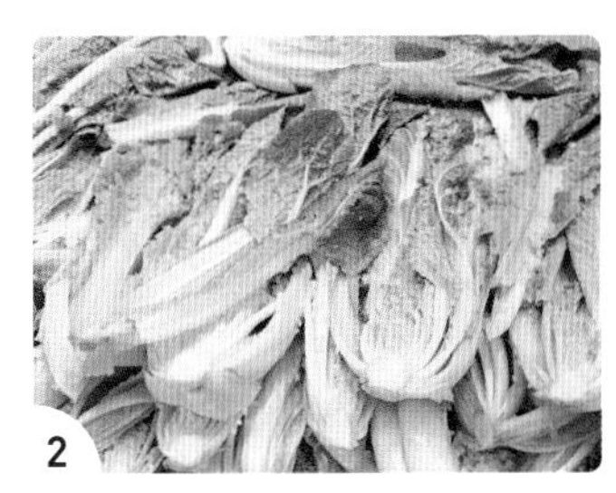

2

**얼갈이 절이기** 천일염 1컵, 물 ½컵(100mL)을 얼갈이에 뿌린 다음 골고루 섞어 주세요. 총 40분 절이고 중간중간 한 번씩 뒤집어 주세요.

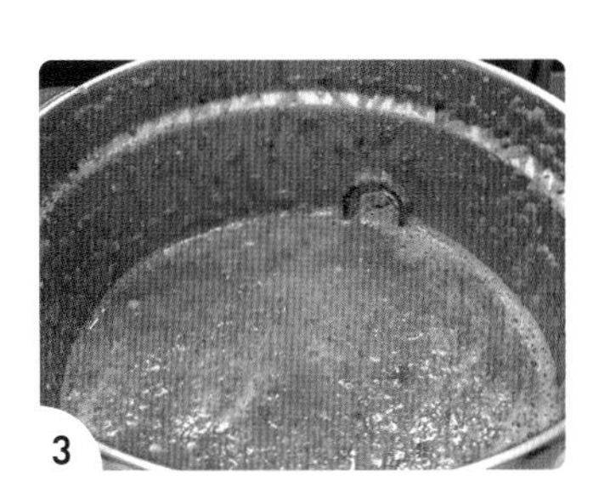

3

**양념 만들기** 배 ½개(껍질, 씨 제거), 사과 ½개(씨 제거), 양파 ½개, 청양고추 5개, 생강 1톨, 홍고추 7개, 마늘 1줌을 믹서기에 갈기 좋게 썰고, 새우젓 2스푼, 멸치액젓 ⅓컵(70mL), 식은 밥 ½공기, 고춧가루 2스푼, 생수 3컵(600mL)과 함께 믹서기에 갈아 주세요.

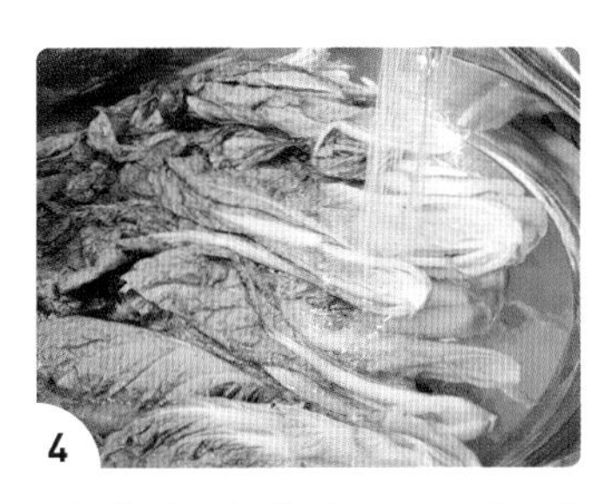

4

절여진 얼갈이를 통에 가득 채운 물에 두 번 헹구면서 씻어 주고, 물기를 빼 주세요.

**point—** 뿌리 쪽 사이사이에 먼지가 많으니 집중적으로 씻어 주세요.

5

믹서기에 간 양념에 생수 4L, 소금 3스푼, 설탕 2스푼, 뉴슈가 ⅓스푼을 넣고 잘 저어 준 다음, 간을 보고 소금을 추가해 주세요.

6

완성된 양념에 물기 뺀 얼갈이를 넣고 여러 번 뒤집어서 김치통에 넣어 주세요. 김치통에 넣을 때는 채 썬 양파, 통쪽파 1줌을 사이사이에 깔아 주세요.

11

# 얼갈이열무물김치

미리 준비하기 토핑용으로 양파 ½개와 씨를 뺀 홍고추 1개를 채 썰어 주세요.
쪽파 1줌을 5cm 간격으로 썰어 주세요.

재료

- 열무 1단(1.8kg)
- 얼갈이 ½단(800g)
- 천일염 1컵(절일 때)
- 천일염 4스푼(간 맞출 때)
- 물 4L(절일 때)
- 쪽파 1줌
- 홍고추 1개
- 양파 ½개
- 설탕 깎아서 2스푼
- 생수 3.1L

**믹서기에 갈 재료**

- 배 ½개
- 사과 작은 것 1개
- 양파 ½개
- 마늘 1줌
- 생강 1톨
- 청양고추 5개
- 홍고추 5개
- 건고추 3개
- 식은 밥 ½공기
- 멸치액젓 ⅓컵(70mL)
- 새우젓 수북하게 2스푼
- 생수 500mL

**토핑용**

- 양파 ½개
- 홍고추 1개
- 쪽파 1줌

1

열무 1단(1.8kg)은 뿌리 끝 부분과 이파리 끝을 자른 후 6~7cm 길이로 썰고, 얼갈이 ½단(800g)은 이파리 끝부분을 잘라 낸 후 3등분해 주세요.

2

열무의 뿌리 부분 흙을 칼로 긁어내고 반으로 나눠 주세요.

3

열무와 얼갈이를 한 번 씻은 후에 물 4L에 천일염 1컵을 녹인 물로 1시간 절이고, 두 번 씻어서 물기를 제거해 주세요.

**point—** 윗부분에 천일염을 조금 뿌려 주고, 절인 지 30분이 지나면 위아래로 한 번 뒤집어 주세요.

4

배 ½개(껍질, 씨 제거), 사과 1개(씨 제거), 양파 ½개, 청양고추 5개, 홍고추 5개, 생강 1톨, 마늘 1줌, 식은 밥 ½공기, 새우젓 수북하게 2스푼, 멸치액젓 ⅓컵(70mL), 건고추 3개, 생수 500mL를 믹서기에 갈아서 양념을 만들어 주세요.

5

양념에 설탕 깎아서 2스푼, 천일염 4스푼, 생수 3.1L를 넣고 간을 봐 주세요.

6

김치통에 물기 뺀 열무와 얼갈이, 준비한 양파, 쪽파, 홍고추를 넣고 양념을 부어 섞어 주면 완성입니다.

# 12 알배추물김치

미리 준비하기 알배추 물김치에 사용할 생수(4L)를 미리 준비해 주세요.

재료

- 알배추 2포기(손질 후 2.5kg)
- 백오이 4개
- 쪽파 1줌
- 홍고추 1개
- 생수 4L
- 고춧가루 5스푼
- 건다시마 15g
- 밀가루 가득 1스푼
- 천일염 5스푼
- 뉴슈가 ¼스푼

**믹서기에 갈 재료**

- 배 1개
- 사과 1개
- 양파 1개
- 청양고추 5개
- 파프리카 2개
- 마늘 1줌
- 생강 1톨

1

알배추 2포기를 먹기 좋게 썰고, 두 번 씻은 후에 천일염 3스푼을 넣고 30분 절여 주세요.

2

백오이 4개를 길게 썰어서 씨를 제거하고 4등분한 후에 천일염 1스푼, 뉴슈가 ¼스푼을 넣어 20분 절여 주세요.

**point—** 알배추, 백오이를 절이는 중간에 한 번씩 뒤집어 주세요.

3

그릇에 물 2컵(400mL)을 담고, 체에 고춧가루 5스푼을 넣은 후 그릇에 담아 저어 가면서 풀어 주세요. 물이 부족하면 더 부어 가며 풀어 주세요.

4

그릇에 물 1컵(200mL)을 담고 밀가루 가득 1스푼을 풀고, 냄비에 물 2컵(400mL), 건다시마 15g을 넣어 끓어오르는 시점부터 7분 끓인 후에 다시마는 건지고 밀가루 푼 물을 넣어 주세요. 저어 주면서 끓어오르면 바로 불을 끄고 식혀 주세요.

5

쪽파 1줌을 4cm 간격으로 썰고, 홍고추 1개는 씨를 제거하고 채 썰어 주세요. 배 1개(씨 제거), 사과 1개(씨 제거), 양파 1개, 청양고추 5개, 파프리카 2개(태자 제거), 마늘 1줌, 생강 1톨을 믹서기에 갈기 좋게 썰고, 잘 갈리게 물을 적당량 넣어 믹서기에 갈아 주세요.

6

믹서기에 간 양념을 체에 밭쳐 김치통에 부어 주는데 계속 물을 부어 가며 걸러 주세요. 밀가루풀, 고춧가루 푼 물, 백오이(절인 물 버릴 것), 알배추(절인 물 사용), 준비한 쪽파, 홍고추, 남은 생수, 천일염 1스푼을 모두 넣고 잘 섞어 주면 완성입니다.

# 13 봄동물김치

미리 준비하기 무 300g을 채 썰어 주세요.

재료

- 봄동 4포기(1.2kg)
- 천일염 7부
- 무 300g
- 건다시마 10g
- 물 1L
- 멸치액젓 2스푼
- 매실청 2스푼
- 설탕 1스푼
- 천일염 2스푼
- 소주 ½컵(100mL)

**믹서기에 갈 재료**

- 배 ¼개
- 사과 ½개
- 양파 ½개
- 밥 2스푼
- 마늘 반 줌
- 생강 1톨
- 새우젓 1스푼
- 물 2컵(400mL)
- 청양고추 3개
- 홍고추 7개

1

봄동 4포기(1.2kg)는 반으로 썰고, 뿌리의 딱딱한 부분을 제거한 후 이파리 사이사이를 깨끗하게 한 번 씻어 주세요.

2

천일염 7부를 물기가 남아 있는 봄동 이파리 사이사이에 뿌려 1시간 절여 주세요.

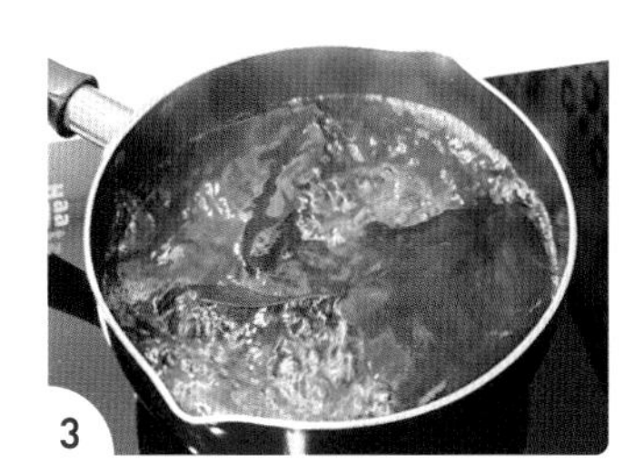

3

끓는 물 1L에 건다시마 10g을 넣고 5분 끓였다가 식혀 주세요.

4

배 ¼개(껍질, 씨 제거), 양파 ½개, 사과 ½개(씨 제거), 청양고추 3개, 홍고추 7개, 생강 1톨, 마늘 반 줌, 새우젓 1스푼, 밥 2스푼, 물 2컵(400mL)을 믹서기에 넣고 갈아 주세요.

5

1시간 절인 봄동을 물을 갈아 가며 두 번 헹구고 물기를 빼 주세요.

6

믹서기에 간 양념에 다시마물, 멸치액젓 2스푼, 매실청 2스푼, 천일염 2스푼, 설탕 1스푼, 소주 ½컵(100mL)을 넣고 간을 봐 주세요. 어느 정도 간간하면 채 썬 무, 봄동을 넣어 마무리해 주세요.

14

# 봄 물김치

미리 준비하기 대파 1대를 4토막 내고, 홍고추 1개, 청양고추 2개는 길게 썰어서 씨를 빼 주세요.

재료

- 월동무 1개(2kg)
- 뉴슈가 ⅓스푼
- 대파 1대
- 홍고추 1개
- 청양고추 2개
- 생수 1.5L
- 소주 ½컵(100mL)
- 천일염 4½스푼

**믹서기에 갈 재료**

- 배 ½개
- 양파 ½개
- 마늘 5개
- 생강 ½톨
- 물 3컵(600mL)

**찹쌀풀**

- 찹쌀가루 수북하게 1스푼
- 물 2컵(400mL)

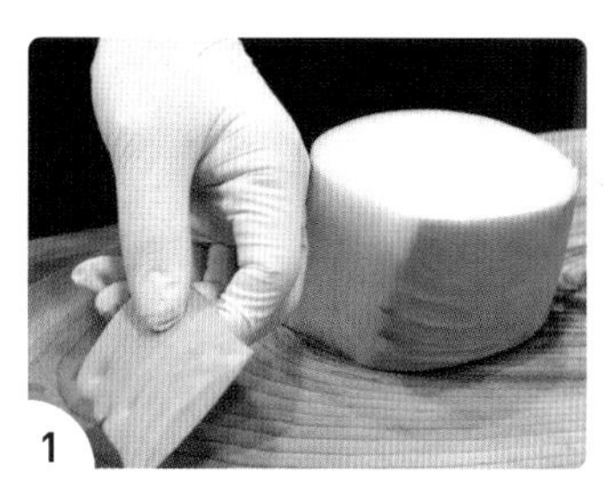


월동무 1개(2kg)를 직사각형 모양으로 썰고, 모양 낼 때 생기는 자투리도 버리지 말고 모아 주세요.

무를 김치통에 담고 뉴슈가 ⅓스푼, 천일염 2스푼을 넣어 30분 절여 주세요.

**point—** 절이는 중간에 위아래로 한 번 뒤집어 주세요.

**찹쌀풀 쑤기** 불을 켜지 않은 상태에서 물 2컵(400mL)에 찹쌀가루 수북하게 1스푼을 완전히 풀고, 중강불로 켜서 끓어오르면 20초 후에 불을 끄고 식혀 주세요. 바닥에 눌어붙지 않게 계속 저어 주어야 합니다.

**국물 만들기** 배 ½개(껍질, 씨 제거), 양파 ½개, 생강 ½톨을 믹서기에 갈기 좋게 썰고, 마늘 5개, 자투리 무, 물 3컵(600mL)과 함께 믹서기에 30초 갈아 주세요.

믹서기로 간 것을 고운 체에 밭쳐 부어 주세요. 이때 남은 물을 부어 가며 숟가락을 이용해서 계속 걸러 주세요.

**point—** 물을 모두 사용했으니 체에 남아 있는 건더기는 버려 주세요. 절대로 국물에 넣으면 안 됩니다.

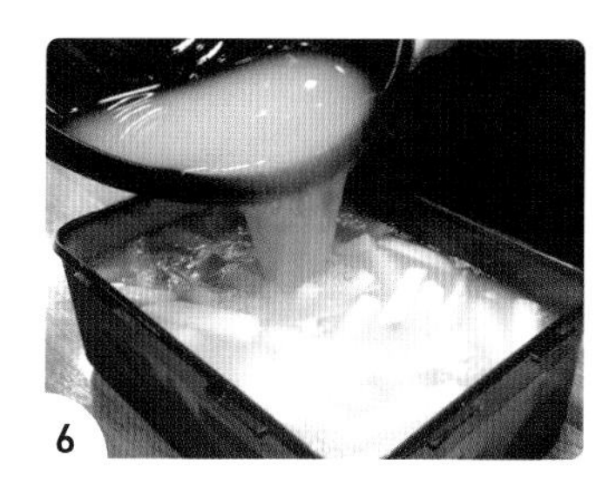


걸러진 국물에 천일염 2½스푼, 찹쌀풀, 소주 ½컵(100mL)을 잘 풀어 주세요. 무가 담긴 김치통에 국물을 넣고 대파, 홍고추, 청양고추를 고명으로 올리면 완성입니다.

### 보관 방법

시원한 베란다에 2일 동안 두었다가 냉장실로 옮겨 2일 후에 먹으면 됩니다.

# 15 초롱무물김치

미리 준비하기 홍고추 1개를 채 썰어 주세요.
물 ½컵(100mL)과 찹쌀가루 수북하게 1스푼을 끓여서 찹쌀풀 ½컵을 만들어 주세요.

재료

- 초롱무 5kg
- 천일염 1컵(절일 때)
- 물 2L(절일 때)
- 물 7부 + 뉴슈가 ½스푼
- 쪽파 2줌
- 생수 5L
- 천일염 4스푼(간 맞출 때)
- 새우젓 국물만 3스푼
- 소주 1컵(200mL)
- 찹쌀풀 ½컵
- 매실청 2스푼
- 홍고추 1개

**망에 담을 재료**

- 삭힌 청양고추 15개
- 마늘 7개
- 생강 1톨
- 배 1개
- 사과 1개
- 양파 ½개
- 건다시마 10g

**찹쌀풀**

- 찹쌀가루 ½컵
- 물 ½컵(100mL)

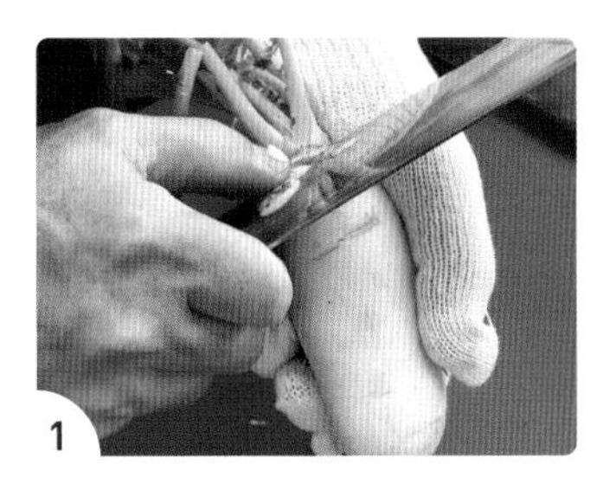


**초롱무 손질하기** 끝부분을 살짝 잘라 낸 초롱무 5kg 겉면의 흙은 칼로 긁어내고, 줄기 쪽의 흙 묻은 자국을 제거해 주세요.

**초롱무 씻기** 초롱무의 겉면을 수세미로 닦아 내고, 받은 물을 갈아 가면서 세 번 씻어 주세요.

**초롱무 절이기** 초롱무를 3등분하고 물 2L, 천일염 ½컵을 녹인 대야에 넣은 후, 위에 천일염 ½컵과 물 7부 + 뉴슈가 ½스푼을 뿌려 주고 골고루 섞어서 1시간 절여 주세요.

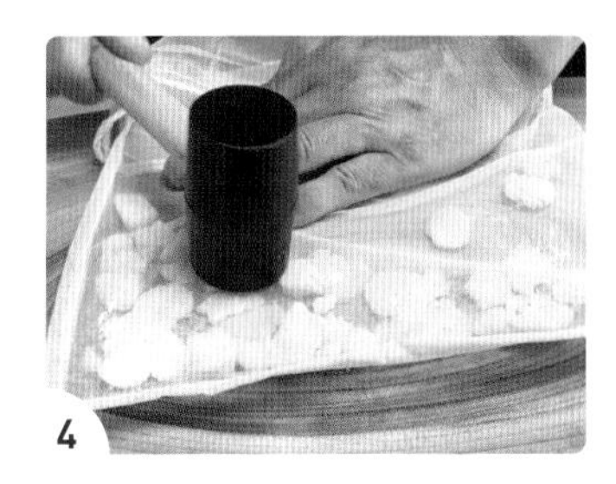


생강 1톨, 마늘 7개를 편 썰고 망에 넣은 후 고무망치로 두드려서 국물이 잘 우러나오게 해 주세요.

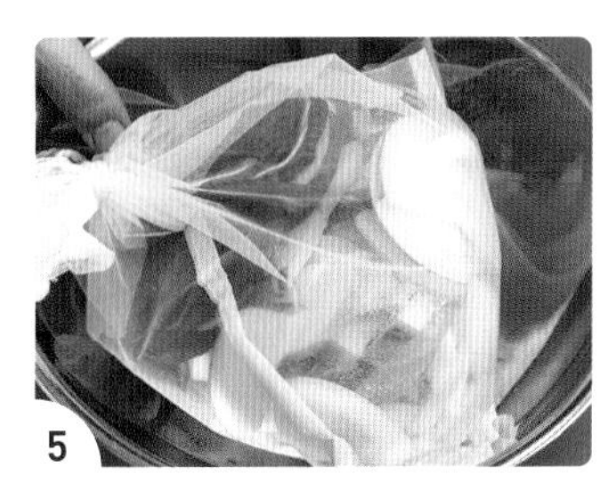


양파 ½개, 배 1개, 사과 1개를 얇게 썰어서 건다시마 10g, 삭힌 청양고추 15개와 함께 망에 넣어 주세요.

김치통에 생수 5L, 천일염 4스푼, 소주 1컵(200mL), 새우젓 국물만 3스푼, 매실청 2스푼, 찹쌀풀 ½컵, 준비한 망, 절인 초롱무, 쪽파 2줌, 홍고추를 순서대로 넣어 주면 완성입니다.

**point—** 초롱무 절인 물은 매운맛, 쓴맛이 빠져나와 있으니 절대로 사용하면 안 됩니다.

**point—** 함께 넣은 망은 1주일 후에 숙성 정도를 보고 건져 내면 됩니다.

**보관 방법**

실온에서 1.5일 두었다가 냉장 보관 후에 조금씩 꺼내 먹으면 됩니다.

# 16 겨울 동치미

재료

- 천수무 1단(4kg)
- 물 ½컵 + 뉴슈가 ½스푼
- 천일염 수북하게 3스푼(절일 때)
- 물 1L(육수 낼 때)
- 건다시마 10g
- 쪽파 1줌
- 건고추 3개
- 대추 5개
- 사과 ½개
- 배 ½개
- 매실청 ½컵
- 소주 ½병
- 천일염 2스푼
- 생수 4L

**망에 담을 재료**

- 양파 ½개
- 생강 1톨
- 마늘 반 줌
- 삭힌 청양고추 12개
- 대파 1대

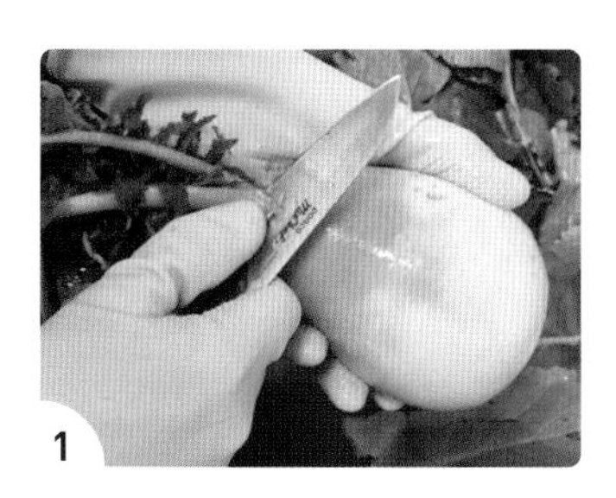
1

**무 손질하기** 천수무 1단(4kg)을 30분 동안 물에 불린 후에 겉면의 흙을 수세미로 닦아 주세요. 뿌리 쪽의 흙 묻은 자국은 칼로 다듬고 깨끗하게 세 번 씻어 주세요.

2

물 ½컵에 뉴슈가 ½스푼을 녹여서 무에 뿌리고 나서 천일염 가득 3스푼을 골고루 묻혀 김치통에서 2일 절여 주세요. 하루가 지나면 위아래로 한 번 뒤집어 주세요.

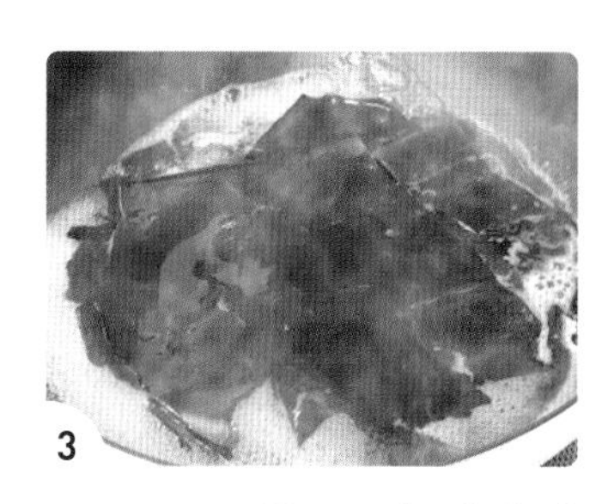
3

**육수 끓이기** 물 1L에 건다시마 10g을 넣고 끓어오르는 시점부터 중불로 7분 끓이고 다시마는 건져 주세요.

4

배 ½개, 사과 ½개를 평상시 깎아 먹는 것처럼 썰어 주세요.

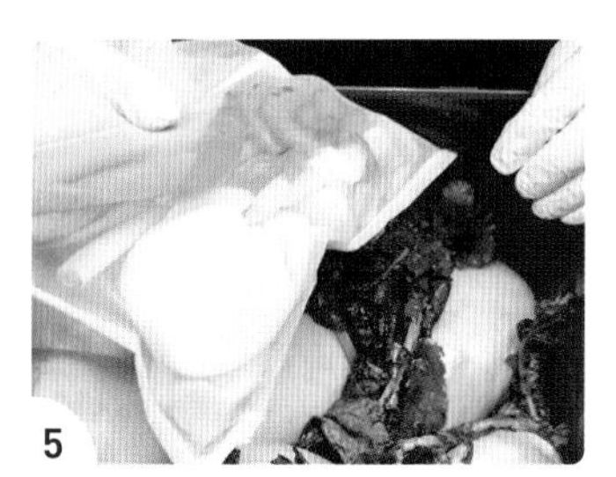
5

양파 ½개, 생강 1톨, 마늘 반 줌을 잘 우러나오게 적당히 썰고, 삭힌 청양고추 12개, 대파 1대와 함께 망에 넣고 잘 묶어서 김치통 가장 아래에 놓아 주세요.

6

다시마 육수, 매실청 ½컵, 천일염 2스푼을 섞고, 생수 4L, 소주 ½병, 쪽파 1줌, 준비한 배, 사과, 건고추 3개, 대추 5개와 함께 김치통에 넣어 주면 완성입니다.

**point**— 재료들이 우러나올 시간이 필요하기 때문에 반드시 2일 정도 숙성한 후 간을 보고 조절해 주세요.

**point**— 함께 넣은 망은 15일쯤 지나면 건져 내고, 사과와 배는 먼저 먹는 것이 좋습니다.

**보관 방법**

시원한 베란다에서 10일 정도 숙성한 후 김치냉장고에 보관해서 조금씩 꺼내 먹으면 됩니다.

# 17 옛날 오이지

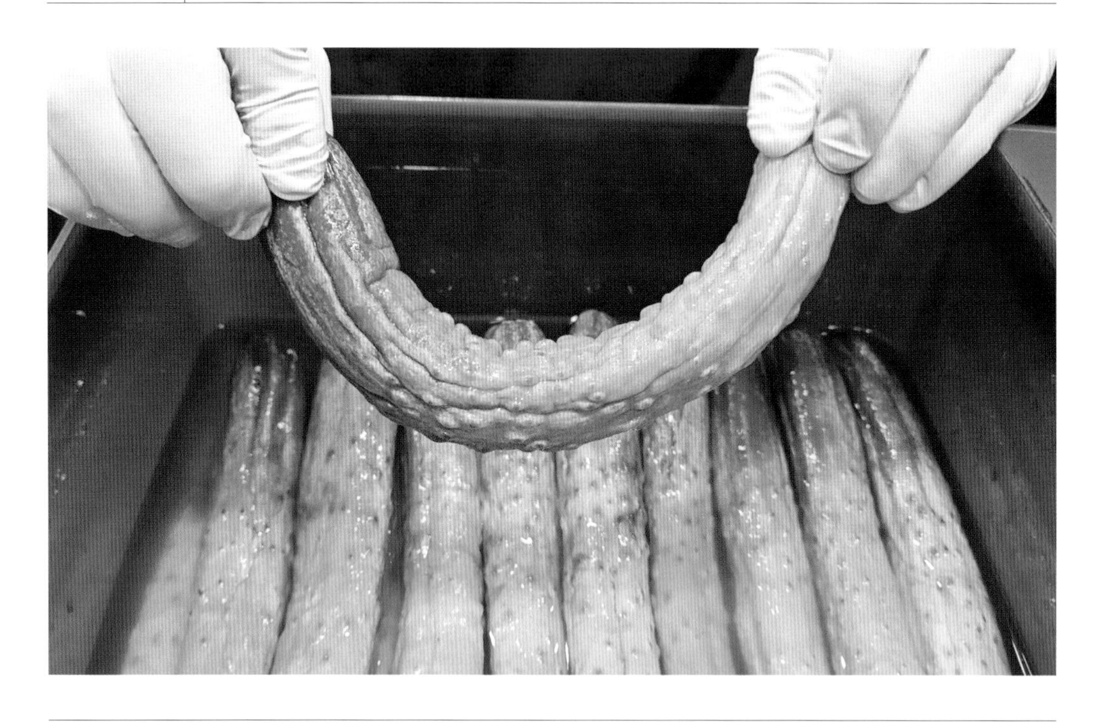

미리 준비하기 백오이 50개를 싱크대에 쏟아 물을 채우고 10분 담가 놓았다가 흐르는 물에 씻어 주세요.

재료

- 백오이 50개
- 고추씨 ½컵
- 물 5L
- 천일염 6컵(840g)
- 뉴슈가 ½스푼
- 소주 1병(640mL)

1

고추씨 ½컵을 삼베주머니에 담아 풀리지 않게 꽉 묶어 주세요.

2

끓는 물 5L에 천일염 6컵(840g), 뉴슈가 ½스푼, 담아 놓은 고추씨를 넣고 소금을 녹여 주세요.

3

소금이 녹았으면 백오이를 5번에 걸쳐서 10개씩 30초만 데쳐 주세요.

4

끓인 소금물은 미지근할 때까지 식혀 주세요.

5

김치통에 백오이, 고추씨, 누름돌, 미지근한 소금물, 소주 1병(640mL)을 순서대로 넣어 주면 완성입니다.

6

요리하기 전에 반드시 썰어서 찬물에 20분 동안 담가 짠기를 빼 주세요.

**보관 방법**

직사광선을 피하고, 시원한 베란다에 1주일 동안 두었다가 고추씨는 버리고 냉장실에 보관해 주세요.

---

**오이지무침**

오이지 1개, 고춧가루 1스푼, 대파 7cm, 다진 마늘 ½스푼, 매실청 ½스푼, 홍고추 조금, 참기름 ½스푼, 통깨 ½스푼

**오이지냉국**

오이지 1개, 양파 ⅕개, 홍고추 조금, 청양고추 조금, 다진 마늘 ½스푼, 생수 2컵(400mL), 국간장 1스푼, 식초 1스푼, 매실청 1스푼, 통깨 ½스푼, 얼음 적당량

18

# 오이소박이

미리 준비하기 당근 ¼개는 채 썰고 끓는 물에 20초 데친 후 물기를 빼 주세요.
양파 ½개는 채 썰고, 부추 1줌은 3cm 간격으로 썰어 주세요.

재료

- 백오이 8개(1.3kg)
- 천일염 ⅓컵
- 물 ½컵 + 뉴슈가 ⅓스푼
- 양파 ½개
- 부추 1줌
- 당근 ¼개

**양념**

- 배 ¼개
- 생강 ½톨
- 마늘 1줌
- 식은 밥 2스푼
- 멸치액젓 ⅓컵
- 건고추 7개
- 식은 밥 2스푼
- 새우젓 2스푼
- 고춧가루 ½컵
- 설탕 수북하게 1스푼
- 통깨 2스푼

1

백오이 8개(1.3kg)는 양 끝을 잘라 내고 3등분해서 종지에 대고 십자 모양으로 썰어 주세요.

2

천일염 ⅓컵, 물 ½컵 + 뉴슈가 ⅓스푼으로 오이를 총 1시간 절여 주세요. 30분 정도 지났을 때 위아래로 뒤집어 주세요.

**point**— 천일염을 오이의 칼집 낸 곳 안쪽까지 넣어 주고, 남은 것은 겉에 뿌려 주세요.

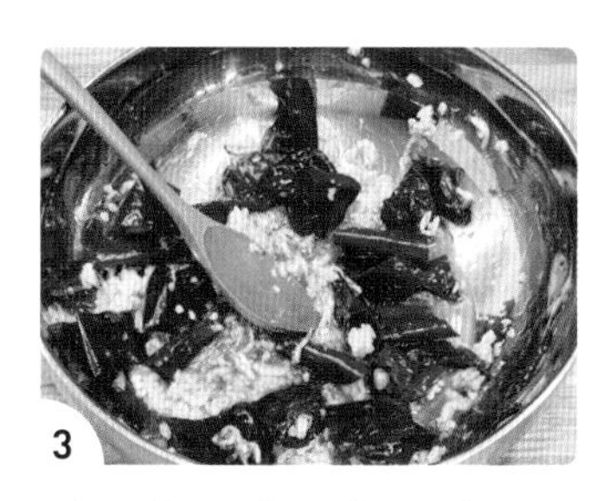

3

건고추 7개, 식은 밥 2스푼, 새우젓 2스푼, 멸치액젓 ⅓컵을 잘 섞은 후에 30분 동안 불려 주세요.

4

**양념 만들기** 배 ¼개, 생강 ½톨을 믹서기에 갈기 좋게 썰고, 마늘 1줌, 불린 건고추와 함께 믹서기에 갈아 주세요.

5

1시간 절인 오이를 속까지 한 번만 물로 헹구고, 칼집 낸 쪽이 바닥을 향하게 놓아 물을 빼 주세요.

6

믹서기에 간 것, 고춧가루 ½컵, 설탕 수북하게 1스푼, 통깨 2스푼을 섞은 후에 양파, 부추, 당근을 넣고 소를 만들어서 오이에 넣어 주면 완성입니다.

# 명절 요리

- ☐ 동지팔죽
- ☐ 약밥
- ☐ 송편
- ☐ 단호박식혜
- ☐ 들깨강정
- ☐ 소고기떡국
- ☐ 굴떡국
- ☐ 동그랑땡
- ☐ 소고기산적

# 01 동지팥죽

미리 준비하기 찹쌀 1½컵, 멥쌀 ½컵을 씻고 물기를 충분히 빼 주세요.

재료

- 팥 1컵
- 물 1L
- 찹쌀 1½컵
- 멥쌀 ½컵
- 뜨거운 물 ½컵(100mL) + 소금 2꼬집
- 미지근한 물 2컵(400mL)
- 소금 ⅓스푼

1

전기밥솥에 물 4컵(800mL), 씻은 팥 1컵을 취사(26분)하고 식혀서 준비해 주세요.

2

물기 뺀 찹쌀과 멥쌀을 믹서기에 완전히 갈고 반죽할 곳에 부어 주세요.

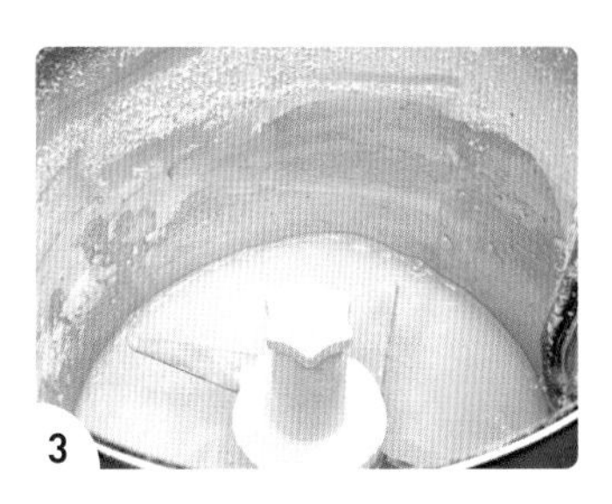

3

쌀이 조금 남아 있는 믹서기에 물 1컵을 넣고 작동시켜 주세요. 나중에 팥죽이 걸쭉해지게 하는 역할을 합니다.

4

뜨거운 물 ½컵(100mL)에 소금 2꼬집을 녹여 주고, 간 쌀에 조금씩 부어 가며 익반죽을 해서 새알을 만들어 주세요.

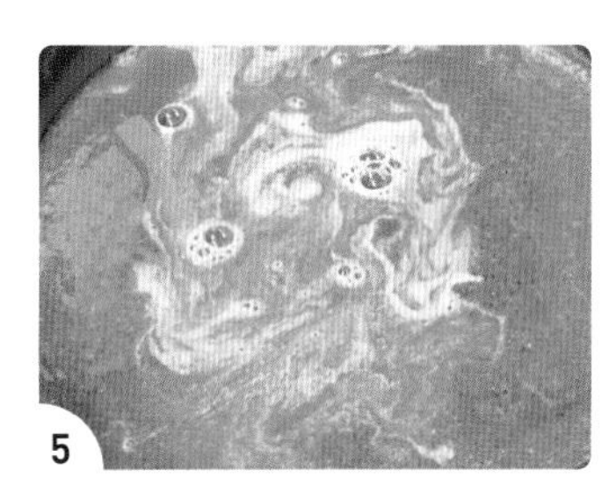

5

식힌 팥과 물을 믹서기에 함께 넣어 갈아서 냄비에 부어 주세요. 냄비에 미지근한 물 2컵(400mL)을 붓고 중불로 끓여 주세요.

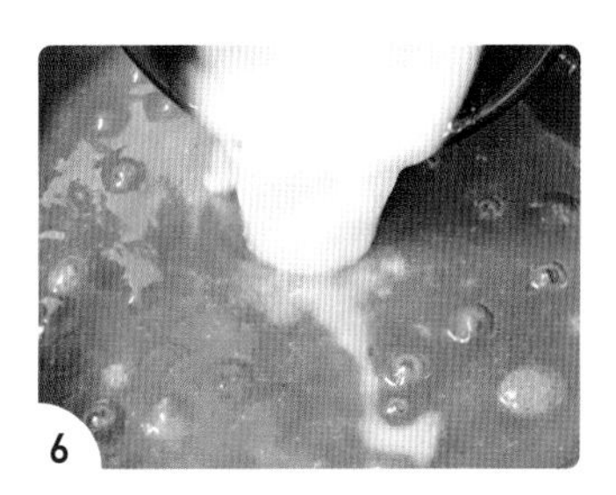

6

끓기 시작하면 약불로 줄이고 새알과 믹서기에 간 물, 소금 ⅓스푼을 모두 넣고 저으며 끓여 주면 완성입니다.

**point—** 설탕을 넣을 경우 반드시 먹을 만큼 덜어 내서 따로 넣어 주세요.

# 02 약밥

**미리 준비하기** 생밤 5개를 각각 4등분해 주세요.
찹쌀 2컵을 30분 동안 불리고, 물기를 제거해서 전기밥솥에 넣어 주세요.
뜨거운 물 1컵(200mL)에 계피를 조금 넣고 30분 동안 우려 주세요.

**재료**

- 찹쌀 2컵
- 뜨거운 물 1컵(200mL)
- 계피 조금
- 흑설탕 4스푼
- 대추 10개
- 생밤 5개
- 진간장 4스푼
- 건포도 1스푼
- 동부콩 3스푼
- 호박씨 2스푼
- 소금 2꼬집
- 물 ½컵(100mL)
- 참기름 1스푼
- 잣 2스푼

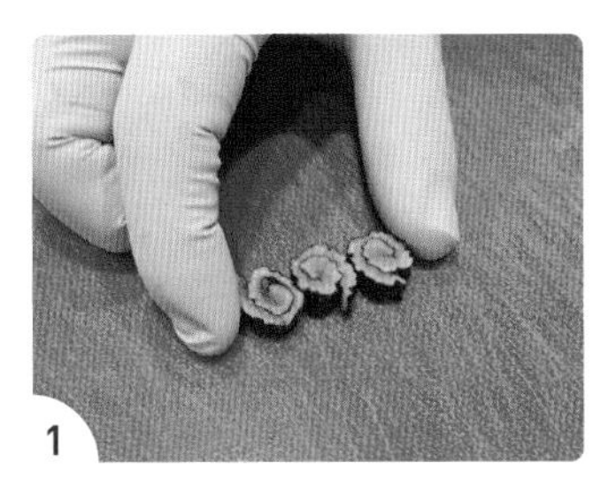

1

**대추 손질하기** 대추 5개는 돌려 깎아 씨를 빼고 돌돌 말아서 썰어 고명으로 사용합니다. 나머지 5개도 마찬가지로 돌려 깎아 씨를 빼고 채 썰어 주세요.

2

**밥물 만들기** 계피 우려 놓은 물에 흑설탕 4스푼, 진간장 4스푼, 소금 2꼬집을 넣고 저어 주세요.

**point—** 단 것을 싫어한다면 흑설탕을 줄여도 됩니다.

3

찹쌀이 담긴 전기밥솥에 동부콩 3스푼, 호박씨 2스푼, 건포도 1스푼, 채 썬 대추, 4등분한 생밤을 넣어 주세요.

4

전기밥솥에 밥물, 물 ½컵(100mL)을 넣고 위아래로 섞어 주세요.

**point—** 찹쌀을 30분간 불렸기 때문에 물이 많이 들어가지 않습니다. 약밥은 절대 밥이 질면 안 됩니다.

5

전기밥솥 기능을 '잡곡'으로 맞춰서 취사해 주세요. 취사가 되면 사각 트레이에 붓고, 참기름 1스푼을 넣어 섞으면서 예쁘게 틀을 잡아 주세요.

6

고명으로 준비한 대추, 잣 2스푼을 올리고, 비닐을 덮어 냉장고에 1시간 두고 식혔다가 먹기 좋게 썰어 주면 완성입니다.

03 

# 송편

**미리 준비하기** 깐 녹두 1컵을 깨끗하게 씻어서 2시간 동안 불린 다음 20분 쪄 주세요.

재료

- 습식 쌀가루 1kg(방앗간에서 소금 10g 넣고 빻음)
- 단호박 220g
- 설탕 ½스푼
- 미지근한 물 2컵(400mL)
- 참기름 적당량

**깨속**

- 통깨 ½컵
- 설탕 2스푼
- 소금 ⅓스푼

**녹두속**

- 깐 녹두 1컵
- 설탕 2스푼
- 소금 ⅓스푼

단호박 220g의 껍질을 깎고 씨를 빼서 삶은 다음 믹서기에 충분히 갈아 주세요. 습식 쌀가루 300g에 믹서기에 간 단호박을 넣고 반죽해서 30분 이상 숙성해 주세요.

습식 쌀가루 700g에 설탕 ½스푼과 미지근한 물 2컵(400mL)을 조금씩 넣으면서 반죽하고 30분 이상 숙성해 주세요.

**point—** 반드시 미지근한 물을 사용하고, 조금씩 넣으면서 농도를 확인하고 반죽하는 것을 반복해 주세요.

**깨속 만들기** 통깨 ½컵, 설탕 2스푼, 소금 ⅓스푼을 절구에 넣어 가볍게 빻아 주세요.

**녹두속 만들기** 준비한 녹두, 설탕 2스푼, 소금 ⅓스푼을 절구에 넣고 가볍게 빻아 주세요.

준비한 반죽을 한 움큼 집어 동그랗게 하고 양손 엄지로 가운데를 꾹꾹 눌러 평탄하게 만든 뒤 속재료를 각각 넣어 예쁘게 빚어 주세요.

찜기에 면보를 깔고 물이 끓어올랐을 때부터 중불로 20분 쪄 주세요. 20분이 지나고 참기름을 골고루 발라 주면 완성입니다.

# 04 단호박식혜

미리 준비하기 멥쌀 1컵 + 찹쌀 1컵 + 물 2컵(400mL)으로 고슬고슬한 밥을 지은 다음 식혀 주세요.

재료

- 단호박 1개(1kg)
- 멥쌀 1컵 + 찹쌀 1컵 + 물 2컵
- 엿기름 1봉지(400g)
- 물 4L
- 설탕 1컵
- 소금 ⅓스푼

**밥 삭힐 때**

- 설탕 수북하게 3스푼

엿기름 400g을 면주머니에 담아 물 3L를 넣고 충분히 치대 주세요. 하얗게 만들어진 엿기름물을 가만히 놓아두고 앙금을 가라앉힙니다.

30분이 지나 앙금이 가라앉으면 식혀 놓은 밥에 엿기름물을 붓고 뭉친 밥알을 풀어 주세요. 아래에 가라앉은 앙금은 절대로 같이 넣으면 안 됩니다.

**point—** 앙금을 같이 넣고 삭히면 식혜가 시꺼멓게 되고 텁텁한 맛이 납니다.

설탕 수북하게 3스푼을 넣어 녹여 주고, 전기밥솥에 4시간 30분 동안 '보온' 상태로 삭혀 주세요.

단호박 껍질을 깎고 씨를 파낸 후 자잘하게 썰어서 냄비에 담고 물 1L를 부어 주세요. 뚜껑을 닫고 끓어오를 때부터 중불로 10분 삶은 후 식혀 주세요.

**point—** 단호박을 전자레인지에 2분 50초 돌리면 껍질 깎는 것이 훨씬 수월해집니다.

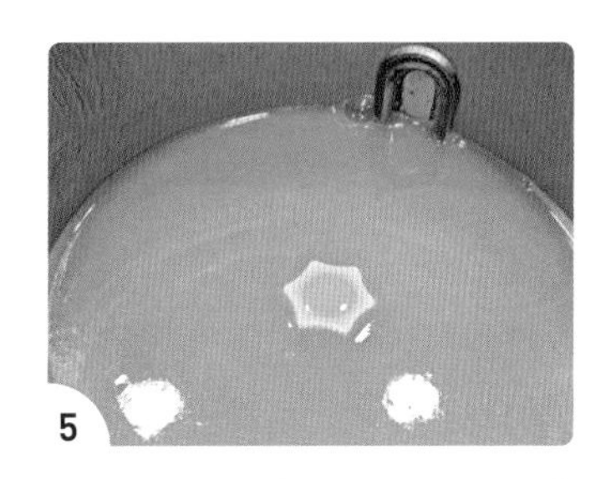


식힌 단호박을 그대로 믹서기에 부어서 40초 이상 갈아 주세요.

4시간 30분 삭힌 밥 + 엿기름물을 곰솥에 옮기고, 단호박 간 것을 부어 주세요. 설탕 1컵, 소금 ⅓스푼을 넣고 강불로 불을 켜 주세요. 끓어오를 때 생기는 거품은 계속 걷어 내면서 15분 끓였다가 완전히 식혀 주면 완성입니다.

**point—** 설탕이 어느 정도 들어가야 맛이 나니 취향에 따라 가감해 주세요.

# 05 들깨강정

재료

- 들깨 2컵(250g)
- 볶은 땅콩 ½컵
- 호박씨 ½컵
- 계피가루 ¼스푼
- 물엿 7부(140mL)
- 설탕 3스푼
- 소금 ⅓스푼

양재기에 담긴 들깨 2컵(250g)에 물을 받아 씻어 주고, 체를 이용해 물 위에 뜬 들깨를 건져 주는 과정을 두 번 한 다음 물기를 빼 주세요.

물기 뺀 들깨를 팬에 넣고 강불로 3분, 중약불로 3분 볶아 수분을 날리면서 고소하게 볶아 주세요.

볶은 들깨를 접시에 붓고 넓게 펼쳐 식혀 주세요.

팬에 호박씨 ½컵을 넣고 중불로 3분 볶은 후 식혀 주세요.

키친타월에 식용유를 조금 묻혀 팬에 코팅을 한 후에 불을 켜고 물엿 7부(140mL), 설탕 3스푼, 소금 ⅓스푼, 계피가루 ¼스푼을 넣고 저어 주다가 끓어오르면 불을 꺼 주세요.

식힌 들깨, 호박씨, 볶은 땅콩 ½컵을 넣어 섞어 주고, 도마에 옮겨 식기 전에 모양을 잡아 주면 완성입니다.

# 06 소고기떡국

**미리 준비하기** 고명으로 사용할 김 1장을 얇게 가위로 잘라 주세요.

재료

- 소고기 양지 250g
- 다진 마늘 ½스푼
- 참기름 1스푼
- 미림 1스푼
- 떡국 떡 300g
- 물 1.2L
- 당근 30g
- 국간장 1스푼
- 소금 ⅓스푼
- 달걀 1개
- 대파 ½대
- 김 1장

1

키친타월로 핏물을 뺀 소고기 양지 250g에 다진 마늘 ½스푼, 미림 1스푼, 참기름 1스푼을 넣고 조물조물 무쳐 주세요.

2

당근 30g, 대파 ½대를 자잘하게 썰어 주세요.

3

**지단 만들기** 달걀 1개를 완전히 풀어 주고, 식용유를 두른 팬에 약불로 지단을 만들어 주세요.

**point—** 지단은 얇게 썰어야 보기도 좋고 맛도 좋습니다.

4

밑간해 놓은 소고기를 냄비에 넣고 중불로 3분 정도 볶은 후 물 1.2L를 넣어 주세요.

5

물이 끓어오르면 불순물을 제거한 후 뚜껑을 닫고 10분 끓여 주세요.

6

떡국 떡 300g, 국간장 1스푼, 소금 ⅓스푼, 준비한 당근, 대파를 넣고 한소끔 끓으면 그릇에 담아서 고명(지단, 김)을 올려 주세요.

# 07 굴떡국

<u>미리 준비하기</u> 양파 ¼개, 대파 20cm를 채 썰어 주세요.
생굴 200g에 천일염 1스푼을 넣고 조물조물 씻어 주세요.
달걀 1개를 풀어 주세요.

재료

- 떡국 떡 400g
- 생굴 200g
- 천일염 1스푼
- 물 1.6L
- 건새우 반 줌
- 건다시마 10g
- 굵은멸치 1줌
- 양파 ¼개
- 다진 마늘 ½스푼
- 국간장 1스푼
- 소금 ⅓스푼
- 달걀 1개
- 대파 20cm

1

**육수 내기** 물 1.6L가 끓을 때 건다시마 10g, 굵은멸치 1줌, 건새우 반 줌을 넣고 7분이 지나면 다시마, 멸치, 새우를 모두 건져 내 주세요.

**point**— 굵은멸치, 건새우는 각각 전자레인지에 30초씩 돌려 주면 비린내가 사라집니다.

2

떡국용 떡 400g이 잠길 정도로 물을 붓고 5분간 담가 두었다가 물기를 빼 주세요.

3

물기 뺀 떡국용 떡을 육수에 넣고 3분간 끓여 주세요.

4

생굴 200g, 국간장 1스푼, 소금 $\frac{1}{3}$스푼, 다진 마늘 $\frac{1}{2}$스푼, 준비한 양파, 대파를 넣고 3분간 끓여 주세요.

5

풀어 놓은 달걀물을 넣고 바로 젓지 말고 20초 두었다가 저어 주면 깔끔한 국물의 굴떡국이 완성됩니다.

# 08 동그랑땡

미리 준비하기 달걀 4개에 소금 4꼬집을 넣고 충분히 풀어 주세요.

재료

- 돼지고기 다짐육 500g
- 소고기 다짐육 200g(밑간하기 - 설탕 1스푼, 미림 3스푼, 진간장 1스푼, 연겨자 5cm)
- 감자전분(100%) ½컵
- 쌀가루 1컵
- 달걀 4개
- 소금 4꼬집

**채소**

- 양파 ½개
- 대파 ½대
- 당근 80g
- 청양고추 2개
- 생표고버섯 2개

**양념**

- 소금 ½스푼
- 다진 마늘 수북하게 1스푼
- 진간장 1스푼
- 들깨가루 수북하게 1스푼
- 참기름 1스푼
- 후추 3꼬집

1

돼지고기 다짐육 500g, 소고기 다짐육 200g에 설탕 1스푼, 미림 3스푼, 진간장 1스푼, 연겨자 5cm를 넣고 섞어서 밑간해 주세요.

2

대파 ½대, 양파 ½개, 당근 80g, 생표고버섯 2개, 청양고추 2개를 최대한 자잘하게 다져서 밑간한 고기에 담아 주세요.

3

소금 ½스푼, 다진 마늘 수북하게 1스푼, 진간장 1스푼, 들깨가루 수북하게 1스푼, 참기름 1스푼, 후추 3꼬집, 감자전분 ½컵을 넣고 반죽해 주세요.

**point**— 들깨가루가 수분감을 잡아 주고 더욱 고소하게 하는 역할을 합니다.

4

넓은 쟁반을 준비하고 쌀가루 1컵을 체에 밭쳐 얇게 뿌려 주세요. (쌀가루가 남아도 됩니다.)

5

반죽을 한 움큼씩 쥐고 동그랑땡 모양을 잡아서 쟁반에 올려 주세요. 이후 남은 쌀가루로 윗부분도 얇게 뿌려 주세요.

6

팬에 식용유를 적당량 두르고, 반죽을 달걀물에 담갔다가 맛있게 부쳐 내면 완성입니다.

**point**— 동그랑땡이 너무 두꺼우면 속이 잘 익지 않습니다. 약불로 속까지 천천히 익히는 것을 추천합니다.

# 09 소고기산적

재료

- 소고기 설도 500g
- 쪽파 반 줌
- 당근 1개
- 부침가루 1컵
- 달걀 3개 + 소금 2꼬집
- 꼬치

**밑간**

- 양파즙 1스푼
- 설탕 깎아서 1스푼
- 미림 1스푼
- 진간장 2스푼
- 다진 마늘 1스푼
- 참기름 1스푼

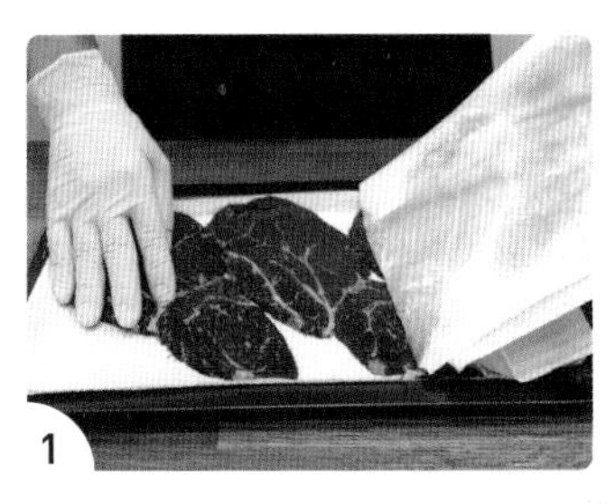


소고기 설도 500g은 키친 타월로 눌러 가며 핏물을 빼 주세요.

소고기를 꼬치에 끼우기 좋게, 세로로 길게 썰어서 밑간 재료를 넣고 조물조물 밑간해 주세요.

당근 1개, 쪽파 반 줌을 각각 고기 길이와 비슷하게 맞춰서 썰어 주세요.

꼬치에 소고기, 당근, 쪽파를 적절히 끼워 주세요.

**point**— 당근을 15초 정도 데치면 꼬치에 끼우기가 더욱 쉽습니다.

달걀 3개 + 소금 2꼬집을 넓은 용기에 풀어 주세요. 꼬치에 달걀물을 묻히기가 수월합니다.

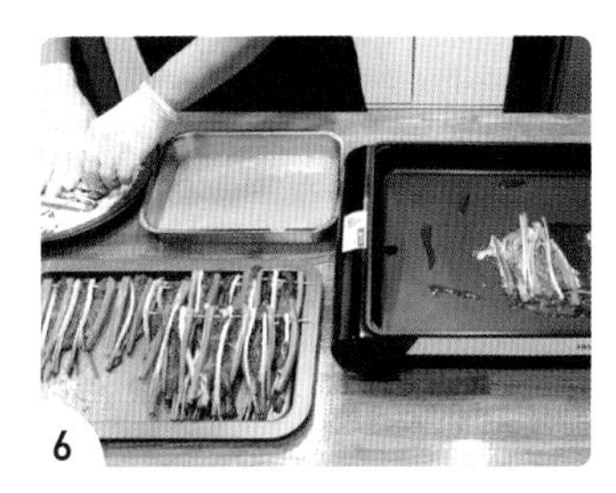


부침가루 1컵을 넓은 그릇에 펼쳐 주세요. 팬에 식용유를 두르고, 꼬치에 부침가루와 달걀물을 묻혀 앞뒤로 부쳐 주면 완성입니다.

**point**— 부침가루는 꼬치의 한쪽 면에는 많이 묻혀 주고 반대편은 살짝만 묻혀 주세요. 완성되었을 때 모양이 더 예쁩니다.

- □ 밀푀유나베
- □ 닭백숙
- □ 오리백숙
- □ 오리주물럭
- □ 고기채소찜
- □ 김치만두
- □ 김치수제비
- □ 비빔냉면
- □ 비빔국수
- □ 멸치국수
- □ 골뱅이소면
- □ 차돌짬뽕
- □ 국물떡볶이
- □ 떡갈비
- □ 볶음춘장
- □ 짜장면
- □ 달걀볶음밥
- □ 오이김밥
- □ 카레라이스
- □ 단호박죽
- □ 도토리묵
- □ 도토리빵
- □ 녹두빈대떡
- □ 매실청
- □ 고추장
- □ 삶은 감자
- □ 당근 주스

01

# 밀푀유나베

미리 준비하기 양파 30g을 아주 자잘하게 다져 주세요.
건표고버섯 3개를 물 1½컵(300mL)에 30분 불려 주세요.
깻잎 20장의 줄기 부분을 잘라 주세요.

재료

- 알배기 배추 1포기
- 깻잎 20장
- 불고기용 소고기 300g
- 팽이버섯 1봉지
- 느타리버섯 1줌
- 청경채 조금
- 미림 2스푼
- 후추 3꼬집

**육수**

- 건다시마 10g
- 건표고버섯 3개
- 물 1.3L
- 국간장 1스푼
- 소금 ⅓스푼

**양념 소스**

- 진간장 3스푼
- 유자청 1스푼
- 식초 2스푼
- 물 2스푼
- 양파 30g
- 연겨자 3cm

알배기 배추 1포기 끝을 잘라 내고, 배춧잎을 하나씩 뜯은 후 씻어 주세요.

**양념 소스 만들기** 다진 양파에 유자청 1스푼, 식초 2스푼, 진간장 3스푼, 물 2스푼, 연겨자 3cm를 넣고 섞어 주면 상큼한 소스 완성입니다.

**육수 끓이기** 끓는 물 1L에 건다시마 10g, 불린 건표고버섯을 불릴 때 사용한 물과 함께 넣고 15분 끓인 후에 국간장 1스푼, 소금 1/3스푼을 넣어 주세요.

**point**— 다시마는 끓인 지 5분 뒤에, 표고버섯은 끓인 지 15분 뒤에 건져 주세요.

배춧잎 1장에 깻잎 2장, 불고기용 소고기를 넓게 펼치는 과정을 5회 반복해 주세요.

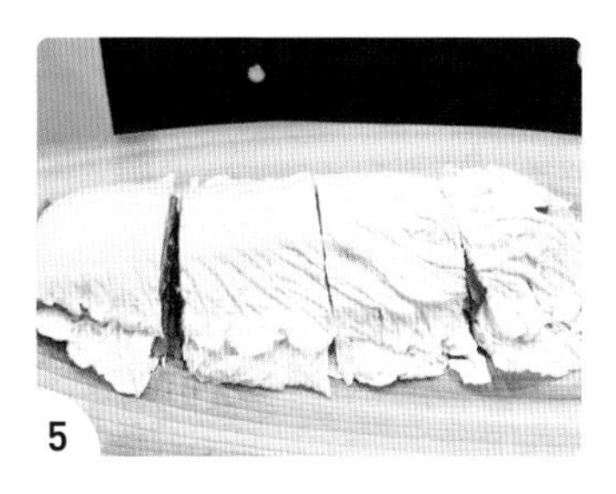


가장 위에 깻잎을 한 번 더 깔고 뒤집은 후 4등분해 주세요.

팬에 예쁘게 세팅하고 가운데에 팽이버섯 1봉지, 느타리버섯 1줌, 청경채 조금, 미림 2스푼, 후추 3꼬집을 넣은 후 육수를 부어 주세요. 뚜껑을 닫은 채로 8~10분 끓이면 완성입니다.

## 02 닭백숙

<u>미리 준비하기</u> 찹쌀 2컵을 30분 동안 불리고 물기를 빼 주세요.

재료

- 생닭(13호) 3마리
- 찹쌀 2컵
- 시판용 한약재 1봉지
- 황기 50g
- 엄나무 3개
- 감초 2개
- 대추 10개
- 생강 ½톨
- 마늘 20개
- 수삼 3뿌리
- 물 3L
- 대파 2대
- 소금 수북하게 1스푼

**겨자 소스**

- 설탕 1스푼
- 연겨자 7cm
- 백숙 육수 4스푼
- 진간장 2스푼
- 다진 마늘 ½스푼
- 식초 1스푼

**기름장 소스**

- 소금 ½스푼
- 후추 2꼬집
- 참기름 1스푼

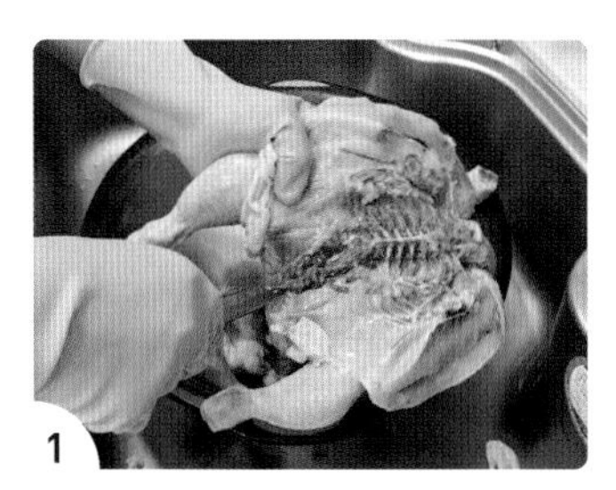


**생닭 손질하기** 꼬리, 날카로운 날개 끝부분은 가위로 잘라 내고 내외부에 붙어 있는 하얀 기름은 모두 제거해 주세요. 배를 가르고 안쪽의 빨간 피뭉치를 최대한 긁어내 주세요.

삼베주머니에 시판용 한약재 1봉지, 엄나무 3개, 황기 50g, 감초 2개, 생강 ½톨을 넣고 꽉 묶어 주세요. 다른 삼베주머니에 불린 찹쌀을 넣고 꽉 묶어 주세요.

**point—** 찹쌀은 죽 끓이는 용도로 사용됩니다.

곰솥에 약재를 넣은 삼베주머니를 '먼저' 넣고, 그 위에 닭을 올려 주세요. 닭 위에 찹쌀 넣은 삼베주머니, 수삼 3뿌리, 대추 10개, 물 3L를 넣고 물이 끓어오르는 시점부터 강불로 10분 끓여 주세요.

**point—** 찹쌀 넣은 삼베주머니에 물이 닿지 않아야 잘 쪄집니다.

10분이 지나면 소금 수북하게 1스푼, 대파 2대, 마늘 20개를 넣고 중약불로 30분 더 끓여 주세요.

**겨자 소스** 설탕 1스푼, 연겨자 7cm, 백숙 육수 4스푼, 다진 마늘 ½스푼, 식초 1스푼, 진간장 2스푼을 섞어 겨자 소스를 완성해 주세요.

**기름장 소스** 소금 ½스푼, 후추 2꼬집, 참기름 1스푼을 섞어 기름장 소스를 완성해 주세요.

곰솥의 불을 끄고 10분간 뜸을 들였다가 백숙, 대파, 삼베주머니 등을 꺼내 주세요. 찹쌀을 국물에 넣고 마늘을 으깨면서 천천히 죽을 끓여 주세요.

**point—** 취향에 따라 죽에 소금, 대파, 당근, 단호박 등을 넣고 끓이면 더 맛있습니다.

# 03 오리백숙

재료

- 생오리 1마리(2.1kg)
- 찹쌀 1½컵
- 백숙용 약재 1봉지
- 황기 50g
- 감초 1개
- 대추 10개
- 생강 ½톨
- 자른 건표고버섯 1줌
- 마늘 15개
- 소금 1스푼
- 양파 1개
- 대파 1대
- 물 2.5L
- 부추 1줌(150g)

**찹쌀죽**

- 백숙 육수
- 찹쌀 찐 것
- 단호박 2조각

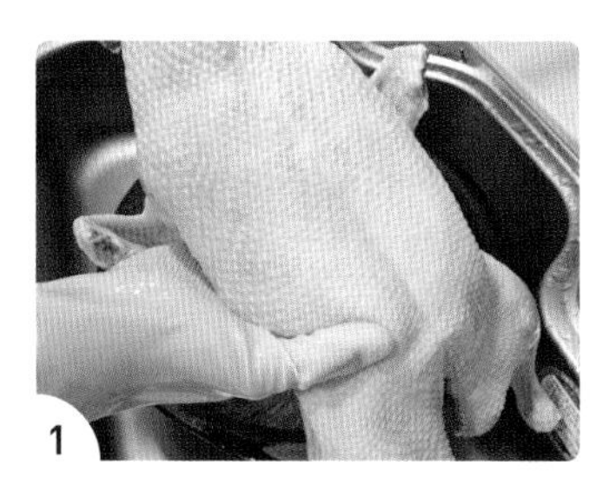

생오리 1마리(2.1kg)를 씻으면서 가위로 비계, 날개 끝부분, 꼬리를 제거하고, 안쪽의 피가 뭉쳐진 부분은 가위로 긁어 주세요. 손질한 오리는 압력솥에 바로 넣어 주세요.

찹쌀 1½컵을 깨끗하게 씻어서 삼베주머니에 담아 주세요.

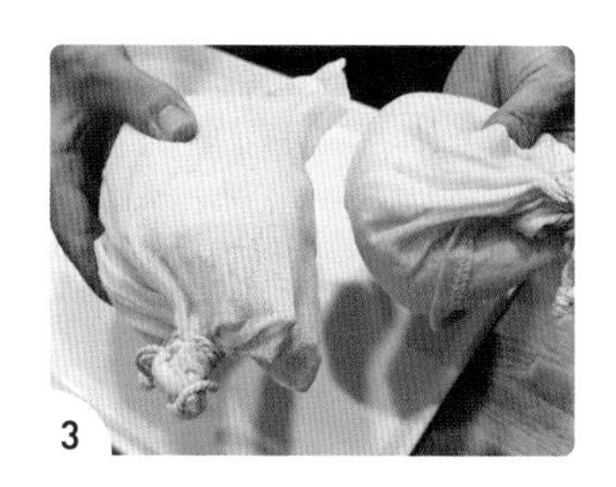

다른 삼베주머니에 백숙용 약재 1봉지, 황기 50g, 생강 ½톨, 감초 1개, 양파 1개를 담아 주세요.

오리가 담긴 압력솥 가장 아래에 약재가 든 삼베주머니를 넣고, 찹쌀 넣은 삼베주머니는 가장 위에 올려 주세요.

압력솥에 물 2.5L, 자른 건표고버섯 1줌, 대추 10개, 마늘 15개, 대파 1대, 소금 1스푼을 넣어 주세요. 추에서 칙칙 소리가 날 때부터 강불로 10분, 최대한 약불로 10분 삶은 후에 20분 동안 뜸을 들여 주세요.

추를 살짝 들어 압력을 빼고 뚜껑을 열어 대파, 약재를 건져 주세요. 국자로 기름을 걷어 내고 오리백숙을 꺼낸 후 부추 1줌(150g)을 넣어 살짝 데쳐서 같이 먹으면 됩니다.

**TIP | 죽 끓이기**

압력솥의 국물을 적당하게 떠내고 단호박 2조각, 삼베주머니에 찐 찹쌀을 넣고 약불로 천천히 저으며 끓이면 오리죽 완성입니다.

# 04 오리주물럭

재료

- 오리 생고기 800g
- 소주 2스푼
- 청양고추 2개
- 소금 3꼬집
- 대파 1대
- 양파 ½개
- 깻잎 10장
- 부추 반 줌

**양념**

- 고춧가루 3스푼
- 들깨가루 깎아서 1스푼
- 설탕 1스푼
- 다진 마늘 수북하게 1스푼
- 고추장 수북하게 2스푼
- 다진 생강 ⅓스푼
- 매실청 1스푼
- 진간장 3스푼
- 된장 ½스푼
- 미원 1꼬집
- 조청쌀엿 수북하게 2스푼
- 참기름 1스푼
- 후추 2꼬집

1

오리 생고기 800g에 청양고추 2개를 가위로 잘라 넣고 소주 2스푼, 소금 3꼬집을 함께 넣어 주물주물 밑간을 해 주세요.

2

**양념 만들기** 고추장 수북하게 2스푼, 고춧가루 3스푼, 설탕 1스푼, 들깨가루 깎아서 1스푼, 된장 ½스푼, 다진 마늘 수북하게 1스푼, 다진 생강 ⅓스푼, 매실청 1스푼, 조청쌀엿 수북하게 2스푼, 진간장 3스푼, 미원 1꼬집을 잘 섞어서 양념을 만들어 주세요.

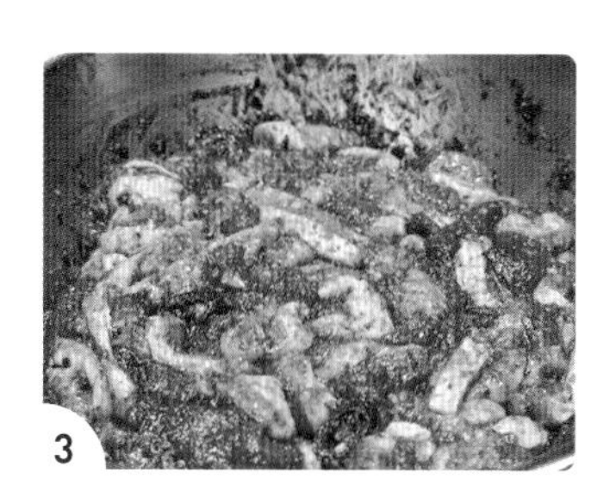

3

밑간된 오리에 양념을 붓고 주물주물 버무려 주세요.

4

양파 ½개, 대파 1대는 채 썰고, 부추 반 줌은 4등분, 깻잎 10장은 반으로 나눠 주세요.

5

가열된 팬에 양념한 오리고기를 올려 익히다가 기름이 어느 정도 나오면 준비한 대파, 양파를 넣고 섞으면서 익혀 주세요.

6

오리가 다 익으면 참기름 1스푼, 후추 2꼬집, 준비한 깻잎, 부추를 넣고 섞어 주면 완성입니다.

## 05 고기채소찜

미리 준비하기 대파 1대를 굵직하게 어슷 썰어 주세요.

재료

- 소고기 차돌박이 250g
- 돼지고기 목살 300g
- 대파 1대
- 알배기배추 1통(550g)
- 숙주 300g
- 후추 3꼬집

**특제 소스**

- 설탕 1스푼
- 다진 마늘 ½스푼
- 진간장 4스푼
- 생수 3스푼
- 식초 2스푼
- 연겨자 7cm

알배기배추 1통(550g)을 4등분하고 먹기 좋게 썰어 주세요. 딱딱한 뿌리 부분은 사용하지 않습니다.

설탕 1스푼, 다진 마늘 ½스푼, 진간장 4스푼, 생수 3스푼, 식초 2스푼, 연겨자 7cm를 섞어 특제 소스를 만들어 주세요.

**point**— 연겨자는 꼭 들어가야 고기의 느끼함을 잡아 줍니다.

찜기 아래에 물을 받고 준비한 알배기배추 → 숙주 300g → 준비한 대파 → 돼지고기 목살 300g → 소고기 차돌박이 250g을 순서대로 담아 주세요.

고기에 후추 3꼬집을 골고루 뿌리고 뚜껑을 닫아 주세요. 찜기의 물이 끓어오를 때부터 강불로 8분 쪄 주면 완성입니다.

# 06 김치만두

미리 준비하기 당면 80g을 미지근한 물에 넣고 1시간 불려 주세요.

재료

- 숙주 300g
- 물 1컵(200mL)
- 두부 1팩(300g)
- 김치 ¼포기(420g)
- 당면 80g
- 돼지고기 다짐육 400g
- 고춧가루 수북하게 1스푼
- 다진 마늘 수북하게 1스푼
- 양파 ½개
- 대파 1대
- 소금 ⅓스푼
- 달걀 1개
- 참기름 1스푼
- 후추 3꼬집
- 만두피

**밑간**

- 설탕 ½스푼
- 다진 마늘 ½스푼
- 미림 1스푼
- 국간장 2스푼
- 참기름 1스푼

1

숙주 300g, 물 1컵(200mL)을 냄비에 넣고, 숙주 가운데에 홈을 만들어 주세요. 물이 끓을 때부터 뚜껑을 닫고 강불로 2분 찐 다음, 바로 찬물에 식히고 물기를 빼 주세요.

2

물기 뺀 숙주, 두부 300g, 김치 ¼포기(420g)를 자잘하게 다져서 삼베주머니에 모두 넣어 주세요. 삼베주머니를 꽉 짜면 물기가 빠지면서 만두소 재료가 남습니다.

3

돼지고기 다짐육 400g, 설탕 ½스푼, 다진 마늘 ½스푼, 미림 1스푼, 국간장 2스푼, 참기름 1스푼을 골고루 섞고 30분 정도 밑간해 주세요.

4

양파 ½개, 대파 1대, 물에 불린 당면을 최대한 자잘하게 썰어 주세요. 밑간한 다짐육과 만두소 재료를 섞어 주세요.

5

다진 마늘 수북하게 1스푼, 달걀 1개, 고춧가루 수북하게 1스푼, 소금 ⅓스푼, 참기름 1스푼, 후추 3꼬집을 넣고 골고루 섞어 주면 만두소 완성입니다.

6

손에 밀가루를 묻혀서 만두피에 만두소를 넣고, 만두피가 맞닿는 부분에 물을 묻혀 오므려 주고 찜기에 올려 주세요. 이후 뚜껑을 닫고 김이 올라올 때부터 15분 쪄 주면 김치만두 완성입니다.

**point**— 만두를 찔 때 수시로 뚜껑을 열어 찬물을 뿌려 주면 더욱 쫀득해집니다.

# 07 김치수제비

미리 준비하기 신 김치 속 양념을 제거해 주세요.

재료

**밀가루 반죽**
- 중력밀가루 1½컵
- 물 ½컵(100mL)
- 소금 ⅓스푼
- 감자전분 수북하게 2스푼
- 달걀 1개

**육수**
- 물 2L
- 중간멸치 1줌
- 건다시마 10g
- 국간장 2스푼
- 멸치액젓 1스푼
- 다진 마늘 ½스푼
- 청양고추 1개
- 신 김치 ¼포기

**채소**
- 애호박 ½개
- 양파 ½개
- 대파 ½대
- 당근 25g

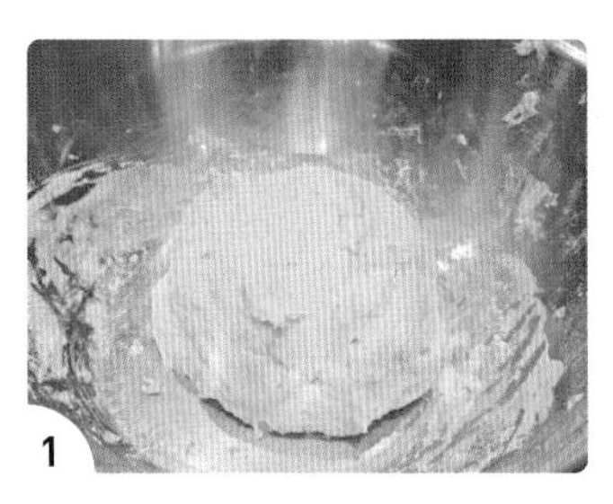


중력밀가루 1½컵, 소금 ⅓스푼, 감자전분 수북하게 2스푼, 달걀 1개에 물을 조금씩 부어 가며 반죽하고(물 ½컵 사용), 냉장실에 1시간 동안 숙성해 주세요.

다시백에 중간멸치 1줌, 건다시마 10g을 담고 물 2L에 육수를 끓여 주세요.

애호박 ½개, 양파 ½개, 당근 25g, 대파 ½대를 채 썰고, 청양고추 1개는 칼집을 내서 육수에 넣어 주세요.

국간장 2스푼, 멸치액젓 1스푼, 다진 마늘 ½스푼, 신 김치 ¼포기를 끓는 육수에 넣어 주세요.

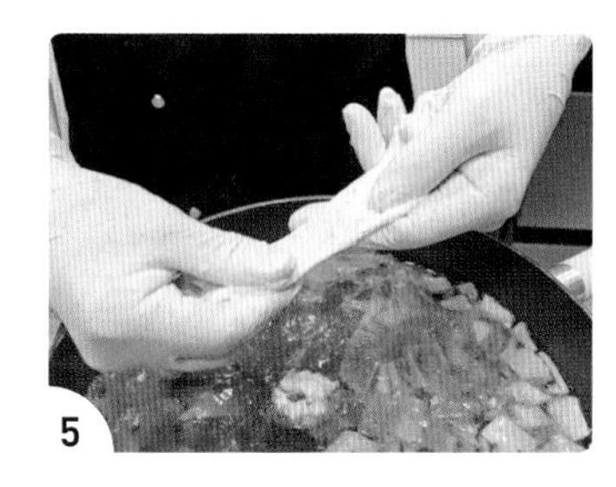


손에 물을 묻히면서 수제비를 얇게 떼서 넣어 주세요.

준비한 채소를 모두 넣고, 다시백과 청양고추는 건져 내 주세요. 마지막에 소금으로 간을 조절하면 완성입니다(소금 ⅓스푼 사용).

# 08 비빔냉면

재료

**육수**

- 물 2컵(400mL)
- 진간장 ½컵(100mL)
- 편생강 1톨
- 보리새우 1줌

**믹서기에 갈 재료**

- 배 ¼개
- 사과 ¼개
- 양파 ¼개
- 편생강 2쪽
- 마늘 반 줌
- 물 ¼컵(50mL)

**비빔장(5인분)**

- 사골국물 ½컵(100mL)
- 소금 ½스푼
- 설탕 4스푼
- 물엿 5스푼
- 매실청 2스푼
- 미원 2꼬집
- 고운 고춧가루 가득 1컵(80g)

**냉면 및 고명(1인분)**

- 무절임
- 채 썬 오이
- 달걀
- 깨소금
- 참기름
- 식초
- 겨자
- 냉면사리 200g
- 냉면육수 40g
- 배 1조각
- 삶은 고기

1

**육수 끓이기** 냄비에 물 2컵(400mL), 진간장 ½컵(100mL), 편생강 1톨, 보리새우 1줌을 넣고 중불로 5분, 약불로 10분 끓이고 식혀 주세요.

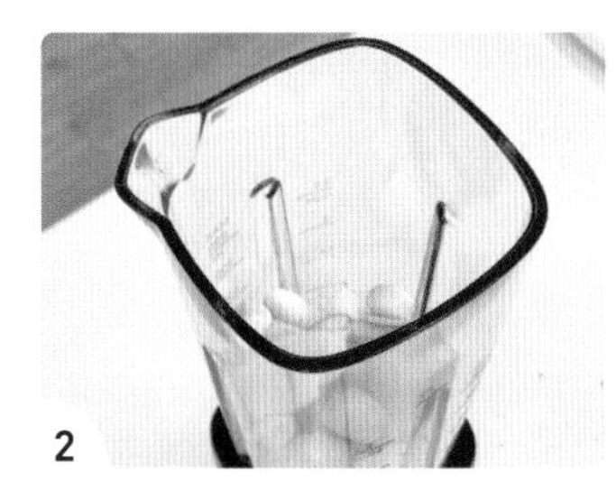

2

믹서기에 배 ¼개, 사과 ¼개, 양파 ¼개, 편생강 2쪽, 마늘 반 줌, 물 ¼컵(50mL)을 넣고 갈아 주세요.

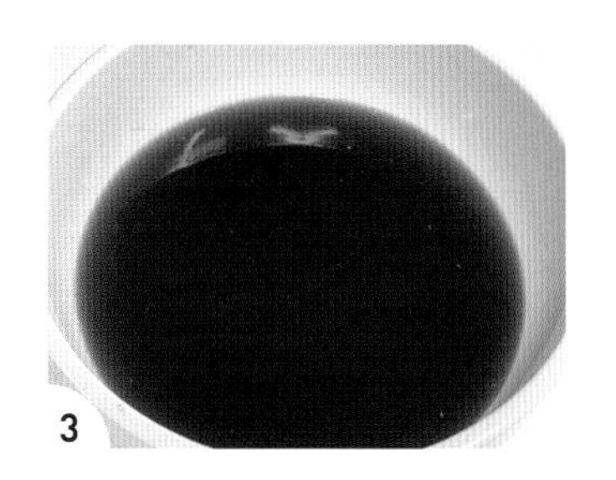

3

비빔장 만들 그릇에 육수를 체에 밭쳐서 붓고, 사골 국물 ½컵(100mL), 소금 ½스푼, 설탕 4스푼, 물엿 5스푼, 매실청 2스푼, 미원 2꼬집을 넣고 저어 주세요.

4

믹서기에 간 재료, 고운 고춧가루 가득 1컵(80g)을 넣고 섞어 주면 비빔장(5인분) 완성입니다.

5

**냉면(1인분) 만들기** 끓는 물에 냉면사리 200g을 넣고 저으면서 익히다가 다시 끓어오르면 면을 건져 찬물에 헹군 다음 사리를 만들어 주세요.

6

냉면 그릇에 냉면사리, 냉면육수 40g, 비빔장 1국자, 깨소금, 참기름 ½스푼, 채 썬 오이, 무절임, 삶은 고기, 배 1조각, 달걀, 통깨, 식초, 겨자를 취향에 맞게 넣어 주면 냉면(1인분) 완성입니다.

# 09 비빔국수

**미리 준비하기** 양파 ¼개를 채 썰어 주세요.

재료

- 중면 240g(2인분)
- 천일염 ½스푼
- 양파 ¼개
- 상추 6장
- 오이 ½개
- 삶은 달걀 1개

**양념장**

- 고운 고춧가루 3스푼
- 고추장 3스푼
- 설탕 1스푼
- 조청쌀엿 2스푼
- 진간장 3스푼
- 다진 마늘 1스푼
- 사과 ½개
- 양파 ¼개
- 오렌지 ½개
- 청양고추 3개
- 매실청 2스푼
- 2배식초 3스푼
- 참기름 1스푼
- 빻은 통깨 1스푼

1

오렌지 ½개(심지 제거), 사과 ½개, 양파 ¼개, 청양고추 3개, 2배식초 3스푼, 진간장 3스푼을 믹서기에 넣고 갈아 주세요.

2

고추장 3스푼, 고운 고춧가루 3스푼, 다진 마늘 1스푼, 매실청 2스푼, 설탕 1스푼, 조청쌀엿 2스푼, 참기름 1스푼, 빻은 통깨 1스푼, 믹서기에 간 것을 섞어서 양념장을 만들어 주세요.

**point**— 고운 고춧가루가 없다면 굵은 고춧가루 5스푼을 체에 밭쳐서 사용해 주세요.

3

상추 6장은 굵게 썰고, 오이 ½개는 채 썰어 주세요.

4

끓는 물에 천일염 ½스푼, 중면 240g(2인분)을 넣고 4분 30초 삶은 후에 찬물로 헹궈 사리를 만들어 주세요.

**point**— 팬 종류와 화력에 따라 삶는 시간이 달라질 수 있으니 중간에 한 가닥씩 건져서 찬물에 헹궈 확인해 보는 것을 추천합니다.

5

삶은 중면에 양념장을 넣고 버무려 주세요.

6

남은 양념에 상추, 오이를 버무린 후 삶은 달걀 1개와 함께 그릇에 담으면 완성입니다.

# 10 멸치국수

재료

- 소면 240g(2인분)
- 천일염 ½스푼
- 굵은멸치 1줌
- 건다시마 10g
- 건새우 1줌
- 물 1.3L
- 국간장 1스푼
- 애호박 ⅓개
- 당근 30g
- 김가루 조금
- 통깨 1½스푼

**양념장**

- 고춧가루 1스푼
- 설탕 ⅔스푼
- 다진 마늘 ½스푼
- 청양고추 1개
- 대파 30g
- 진간장 5스푼
- 물 2스푼
- 참기름 1스푼

**육수 끓이기** 냄비에 물 1.3L, 건다시마 10g, 굵은멸치 1줌, 건새우 1줌을 넣고 끓는 시점부터 5분 후에 다시마는 건지고, 나머지는 5분 더 끓인 후에 건져 주세요.

**point**— 멸치, 새우는 전자레인지에 30초 돌려서 비린내를 미리 빼 주는 것이 좋습니다.

청양고추 1개는 다지고, 대파 30g은 쫑쫑 썰고, 애호박 ⅓개, 당근 30g은 채 썰어 주세요.

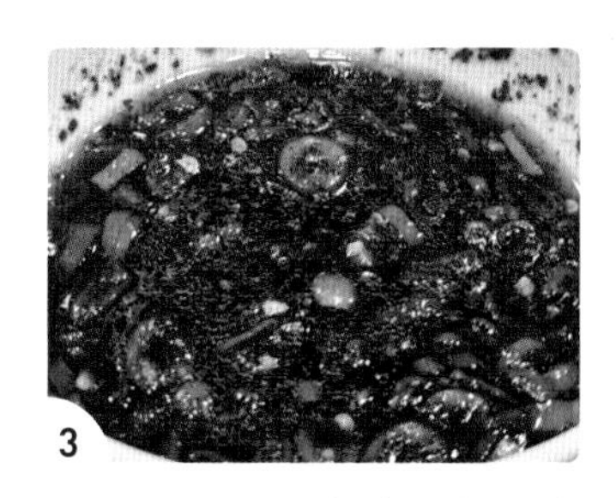


**양념장 만들기** 청양고추, 대파 썬 것에 설탕 ⅔스푼, 고춧가루 1스푼, 다진 마늘 ½스푼, 진간장 5스푼, 물 2스푼, 참기름 1스푼을 넣고 섞으면 양념장 완성입니다.

육수에 국간장 1스푼, 채 썬 애호박, 당근을 넣고 최대한 약불로 두세요.

냄비에 물이 끓어오를 때 천일염 ½스푼을 풀고 소면 240g(2인분)을 넣어 주세요. 넘치려고 할 때마다 찬물을 부어 가면서 3분 30초 삶은 후 찬물에 넣고 비비면서 전분기를 빼 주세요.

그릇에 소면, 육수, 양념장을 넣고 김가루, 통깨 1½스푼을 살짝 갈아서 올려 주면 완성입니다.

11

# 골뱅이소면

재료

- 캔 골뱅이 600g
- 오이 ½개
- 당근 ¼개
- 양파 ½개
- 상추 5장
- 사과 ½개
- 대파 흰 부분 15cm
- 청양고추 2개
- 홍고추 1개
- 깻잎 7장

**양념**

- 고추장 3스푼
- 고춧가루 3스푼
- 다진 마늘 1½스푼
- 진간장 1스푼
- 국간장 1스푼
- 2배식초 4스푼
- 매실청 2스푼
- 설탕 1스푼
- 연겨자 5cm
- 골뱅이 국물 5스푼
- 미림 1스푼
- 참기름 1스푼
- 통깨 1스푼

**소면 삶기**

- 소면 100g
- 천일염 ¼스푼

1

고춧가루 3스푼, 고추장 3스푼, 다진 마늘 1½스푼, 진간장 1스푼, 국간장 1스푼, 2배식초 4스푼, 매실청 2스푼, 설탕 1스푼, 연겨자 5cm, 골뱅이 국물 5스푼을 섞어 양념을 만들어 주세요.

2

상추 5장, 깻잎 7장, 대파 흰 부분 15cm, 양파 ½개, 당근 ¼개, 오이 ½개, 청양고추 2개, 홍고추 1개, 사과 ½개를 굵게 채 썰어 주세요.

3

**소면 삶기** 끓는 물에 천일염 ¼스푼, 소면 100g을 넣고 3분 삶은 후에 찬물로 헹궈 사리를 만들어 주세요.

**point—** 소면을 삶을 때 끓는 물이 넘치려고 할 때마다 찬물을 조금씩 부어 주세요.

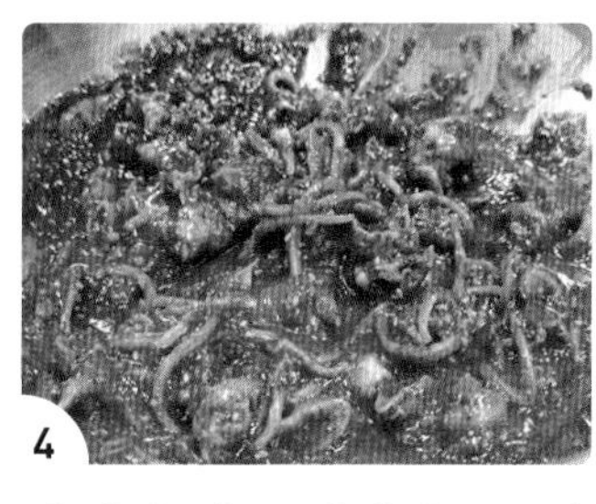
4

양념에 캔 골뱅이 600g, 참기름 1스푼, 미림 1스푼, 통깨 1스푼을 넣고 섞어 주세요.

5

준비한 채소를 양념에 모두 넣고 섞어 주세요.

6

그릇에 소면 사리와 골뱅이무침을 세팅해 주면 완성입니다.

# 12 차돌짬뽕

**재료**

- 양파 ½개
- 대파 20cm
- 청양고추 2개
- 마늘 3개
- 청경채 2개
- 소고기 차돌박이 120g
- 식용유 2스푼
- 진간장 1스푼
- 굴소스 1스푼
- 고춧가루 2스푼
- 물 2½컵(500mL)
- 소금 ⅓스푼
- 후추 2꼬집
- 칼국수 생면 1인분(200g)
- 천일염 ½스푼

1

양파 ½개는 채 썰고, 마늘 3개는 칼 옆면으로 누른 후 자잘하게 다져 주세요.

2

대파 20cm, 청양고추 2개는 채 썰고, 청경채 2개는 뿌리 쪽을 살짝 잘라 내 주세요.

3

가열한 팬에 식용유 2스푼, 소고기 차돌박이 120g, 다진 마늘, 청양고추를 넣고 중불로 볶아 주세요.

4

고기가 어느 정도 익으면 준비한 양파, 대파, 진간장 1스푼, 굴소스 1스푼, 고춧가루 2스푼을 계속 볶으면서 넣어 주세요.

5

물 2½컵(500mL)을 넣고 아주 약불로 맞춰 놓은 다음 면을 삶아 주세요.

**point— [면 삶기]** 끓는 물에 천일염 ½스푼, 칼국수 생면 200g(1인분)을 넣고 강불로 4분 30초 삶아 주세요.

6

국물에 청경채, 후추 2꼬집, 소금 ⅓스푼을 넣고 섞은 다음, 삶은 면에 부어 주면 완성입니다.

# 13 국물떡볶이

재료

- 밀떡 400g
- 어묵 3장
- 물 1L
- 청양고추 2개
- 양파 ¼개
- 대파 1대

**양념**

- 멸치 반 줌
- 식용유 2스푼
- 고추장 3스푼
- 고운 고춧가루 수북하게 2스푼
- 진간장 3스푼
- 설탕 3스푼
- 찹쌀가루 1스푼
- 물엿 2스푼
- 굴소스 ½스푼

대파 1대는 어슷 썰고, 청양고추 2개는 자잘하게 다져 주세요.

양파 ½개를 자잘하게 다지고, 어묵 3장 중 2장은 떡볶이 사리로 사용하고 1장은 자잘하게 다져 주세요.

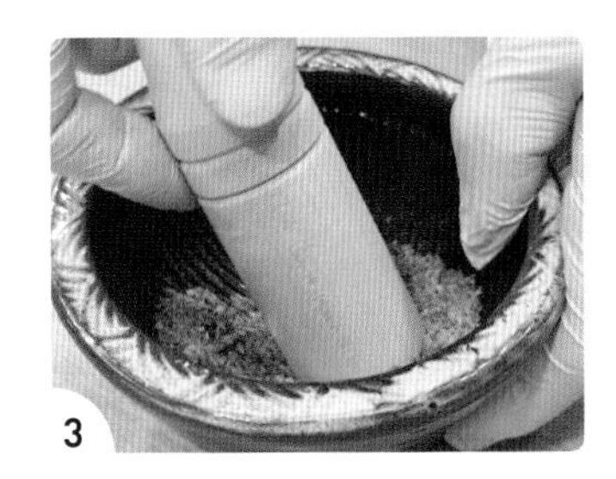


멸치 반 줌을 전자레인지에 30초 돌린 후에 가루가 되게 빻아 주세요.

**point—** 가정에 흔히 있는 멸치가루를 사용하면 됩니다.

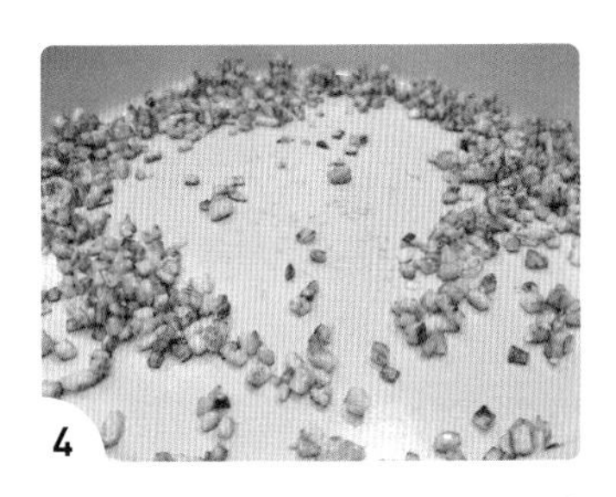


다진 양파와 어묵을 팬에 넣고 식용유 2스푼을 둘러서 충분히 볶아 주세요.

팬에 물 1L를 넣고 멸치가루, 고운 고춧가루 수북하게 2스푼, 설탕 3스푼, 진간장 3스푼, 고추장 3스푼을 넣고 고추장을 풀어 주세요.

준비한 청양고추, 찹쌀가루 1스푼, 밀떡 400g, 다진 어묵, 물엿 2스푼, 굴소스 ½스푼, 대파를 순서대로 넣고 저으며 끓이면 완성입니다.

# 14 떡갈비

재료

- 소고기 다짐육 350g
- 돼지고기 다짐육 200g
- 대파 흰 부분 15cm
- 양파 ½개
- 식용유 2스푼
- 소금 2꼬집
- 다진 마늘 1스푼
- 찹쌀가루 3스푼
- 땅콩가루 조금

**양념**

- 설탕 2스푼
- 진간장 2스푼
- 국간장 1스푼
- 후추 3꼬집
- 미림 1스푼
- 참기름 2스푼

**달임장 소스**

- 진간장 1½스푼
- 미림 1스푼
- 굴소스 1스푼
- 설탕 수북하게 1스푼
- 물 ¼컵(50mL)

1

양파 ½개, 대파 흰 부분 15cm를 자잘하게 썰어 팬에 올리고 식용유 2스푼을 둘러 주세요. 소금 2꼬집, 다진 마늘 1스푼을 넣고 노릇하게 될 때까지 볶았다가 식혀 주세요.

2

소고기 다짐육 350g을 키친타월에 꾹꾹 눌러 가며 핏물을 빼 주세요.(돼지고기 다짐육은 핏물을 빼지 않아도 됩니다.)

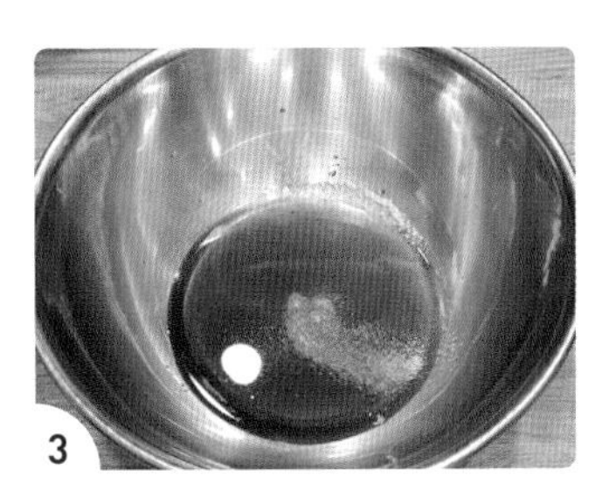
3

**양념 만들기** 설탕 2스푼, 진간장 2스푼, 국간장 1스푼, 미림 1스푼, 참기름 2스푼, 후추 3꼬집을 섞어서 양념을 만들어 주세요.

4

양파, 대파, 다진 마늘 볶은 것, 핏물 뺀 소고기 다짐육, 돼지고기 다짐육 200g, 찹쌀가루 3스푼을 넣고 반죽한 후 한 움큼씩 집어 떡갈비 모양을 내 주세요.

5

**달임장 소스 만들기** 물 ¼컵(50mL), 설탕 수북하게 1스푼, 진간장 1½스푼, 굴소스 1스푼, 미림 1스푼을 골고루 저어 주고, 끓어오를 때부터 약불로 5분 끓여 주세요.

6

팬에 식용유를 두르고 반죽을 올리고 중약불로 속까지 익혀 주세요. 어느 정도 익었을 때 달임장 소스를 끼얹어 주세요. 달임장 소스가 졸아들면 땅콩가루를 뿌려 마무리해 주세요.

**point**— 떡갈비 속이 잘 익지 않을 때는 뚜껑을 덮어 주면 빨리 익습니다.

15

# 볶음춘장

재료

- 춘장 1팩(300g)
- 물 5스푼
- 설탕 3스푼
- 올리브유 3스푼

팬에 물 5스푼, 설탕 3스푼을 넣고 중불로 설탕을 녹여 주세요.

춘장 1팩(300g)을 넣고 중강불로 1분 30초 동안 저어 주세요.

올리브유 3스푼을 넣고 3분 볶아 주면 완성입니다.

20분 식혔다가 밀폐용기에 담아서 김치냉장고에 넣어 두면 1년도 끄떡없습니다.

### TIP | 볶음춘장 사용법

양파를 찍어 먹거나 짜장 외에도 제육볶음, 오징어볶음, 찜닭 등 다양한 요리에 감미료로 조금씩 사용하면 요리의 풍미가 훨씬 살아납니다.

# 16 짜장면

미리 준비하기 물 3스푼에 전분 1스푼을 풀어서 전분물을 만들어 주세요.

재료

- 식용유 3스푼
- 양파 1개(250g)
- 돼지고기 앞다릿살 200g
- 다진 생강 ⅓스푼
- 다진 마늘 ½스푼
- 진간장 1스푼
- 볶음춘장 수북하게 2스푼
- 물 ½컵(100mL)
- 설탕 ½스푼
- 굴소스 1스푼
- 미원 1꼬집
- 중화생면 330g(2인분)
- 오이 조금

**전분물**

- 전분 1스푼
- 물 3스푼

양파 1개(250g)를 큼직하게 썰어 주세요.

팬에 식용유 3스푼, 돼지고기 앞다릿살 200g, 큼직하게 썬 양파 ¼개를 넣고 고기의 핏기가 없어질 만큼 볶아 주세요.

다진 생강 ⅓스푼, 다진 마늘 ½스푼, 진간장 1스푼, 남은 양파를 넣고 충분히 볶아 주세요.

볶음춘장 수북하게 2스푼을 넣고 1분 볶다가 물 ½컵(100mL)을 넣고 섞은 후에 불을 꺼 주세요.

**면 삶기** 끓는 물에 중화생면 330g(2인분)을 넣고 강불로 5분 삶은 후에 면을 건져서 찬물과 면수에 한 번씩 헹궈 그릇에 담아 주세요.

팬에 다시 불을 켜고 설탕 ½스푼, 준비한 전분물, 굴소스 1스푼, 미원 1꼬집을 넣어 섞어 주고, 그릇에 옮겨 담은 후에 채 썬 오이를 토핑해 주면 완성입니다.

# 17 달걀볶음밥

미리 준비하기 양파 ⅕개, 당근 20g, 대파 10cm를 자잘하게 썰어 주세요.

재료

- 밥 1공기(200g)
- 달걀 2개
- 소금 3꼬집
- 대파 10cm
- 양파 ⅕개
- 당근 20g
- 식용유 2스푼
- 굴소스 ½스푼
- 참기름 1스푼
- 통깨 1스푼

가열된 팬에 식용유 2스푼을 두르고, 준비한 양파, 당근, 대파, 소금 1꼬집을 넣고 볶아 주세요.

채소를 한쪽으로 모아 놓고, 다른 한쪽에는 달걀 2개, 소금 2꼬집을 넣고 스크램블을 만들어 주세요.

채소와 스크램블을 합쳐 주고 밥 1공기, 굴소스 ½스푼을 넣고 같이 볶아 주세요.

**point—** 달걀이 베이스이지만 취향에 따라 스팸을 넣으면 스팸볶음밥, 김치를 넣으면 김치볶음밥이 됩니다.

밥이 고슬고슬하게 볶였으면 참기름 1스푼, 통깨 1스푼으로 마무리해 주세요.

볶음밥을 밥그릇에 꾹꾹 눌러 담고 접시에 뒤집어 주면 완성입니다.

# 18 오이김밥

재료

- 김밥용 김 1장
- 오이 1개
- 소금 2꼬집
- 진간장 ½스푼

**지단**

- 달걀 2개
- 연겨자 2cm
- 새우젓 국물만 ½스푼
- 찹쌀가루 ⅓스푼

**밥 밑간**

- 밥 1공기
- 참기름 ½스푼
- 소금 2꼬집
- 식초 ½스푼
- 통깨 조금

필러를 이용해서 오이 껍질을 겉면만 살짝 벗겨 내고 양 끝부분은 썰어 주세요.

오이 1개에 진간장 ½스푼, 소금 2꼬집을 골고루 묻힌 후 20분 절여 주세요.

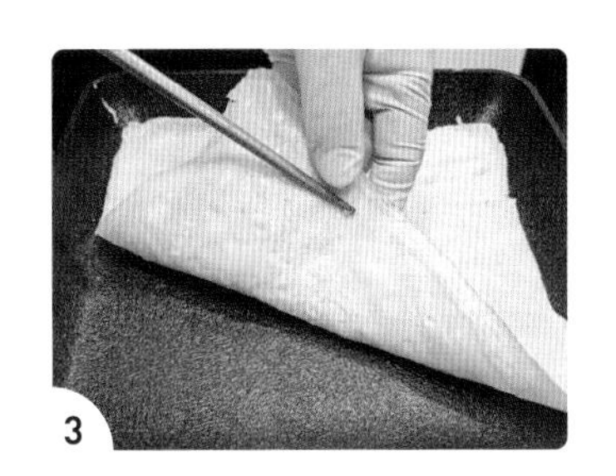


**지단 만들기** 달걀 2개, 연겨자 2cm, 새우젓 국물만 ½스푼, 찹쌀가루 ⅓스푼을 풀어서 약불로 지단을 부쳐 주세요.

**point—** 찹쌀가루가 들어가면 지단이 잘 찢어지지 않습니다.

**밥 밑간하기** 밥 1공기에 참기름 ½스푼, 소금 2꼬집, 식초 ½스푼, 통깨를 조금 넣고 섞어서 밑간을 해 주세요.

**point—** 밥이 약간 고슬고슬해야 김밥이 떡지지 않고 좋습니다.

김밥용 김에 밥을 잘 펼쳐 주세요.

지단, 절인 오이를 올리고 말아 주세요. 참기름과 통깨로 마무리하면 완성입니다.

**point—** 김밥을 썰 때 칼에 참기름을 묻히면 뭉개지지 않고 잘 썰립니다.

# 19 카레라이스

재료 (4인분)

- 카레 분말 1봉지(100g)
- 물 700mL
- 돼지고기 목살 200g
- 소금 ¼스푼
- 미림 1스푼
- 식용유 2스푼
- 다진 마늘 1스푼
- 감자 1개
- 애호박 ½개
- 당근 50g
- 양파 ½개
- 우유 ½컵(100mL)
- 대파 20cm

1

돼지고기 목살 200g에 소금 ¼스푼, 미림 1스푼을 섞어서 밑간을 해 주세요.

2

감자 1개, 애호박 ½개, 양파 ½개, 대파 20cm, 당근 50g을 카레라이스에 맞게 깍둑 썰어 주세요.

3

팬에 식용유 1스푼을 두르고, 밑간해 놓은 목살을 볶아 주세요.

4

목살의 핏기가 없어지면 다진 마늘 1스푼, 준비한 감자, 애호박, 양파, 당근, 식용유 1스푼을 넣고 채소를 볶아 주세요.

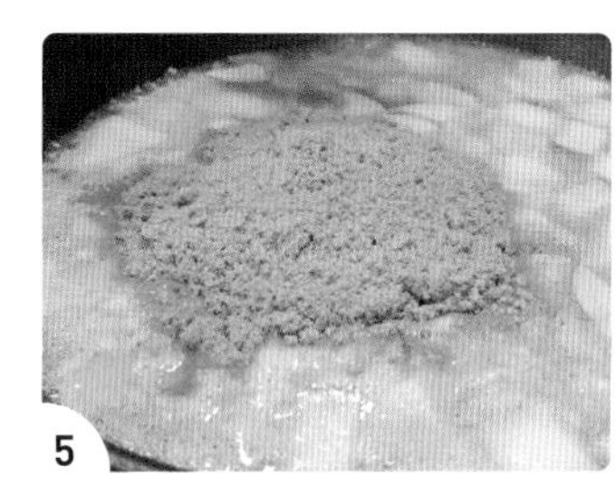

5

채소를 볶은 지 3분이 지나면 물 700mL를 넣고, 끓어오르기 바로 전에 카레 분말 100g을 넣어 풀어 주세요.

6

중약불로 5분 정도 지나 우유 ½컵(100mL), 대파를 넣어 주면 완성입니다.

## 20 단호박죽

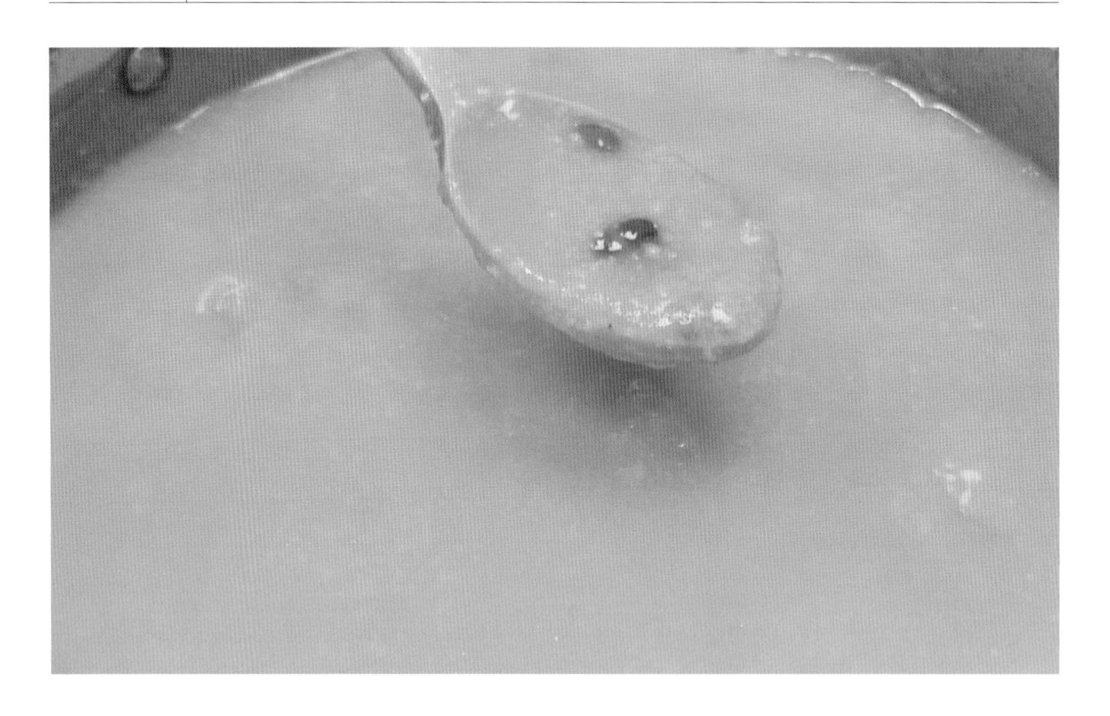

재료
- 단호박 1개(800g)
- 물 900mL
- 팥 ½컵
- 천일염 ½스푼
- 찹쌀 1컵
- 소금 적당량
- 설탕 적당량

냄비에 껍질 벗긴 단호박 1개(800g), 물 400mL를 넣고 30분 동안 삶은 후 식혀 주세요.

팥 ½컵을 3시간 동안 물에 불린 후 천일염 ½스푼을 섞어 중불로 30분 동안 삶아 주세요.

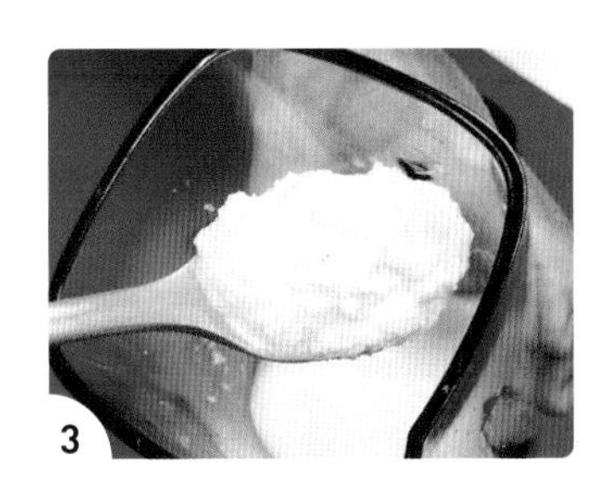


찹쌀 1컵을 잠길 만큼 물에 담가 1시간 동안 불리고, 믹서기에 물과 같이 살짝만 갈아 주세요.

식힌 단호박을 국자로 으깨 주세요.

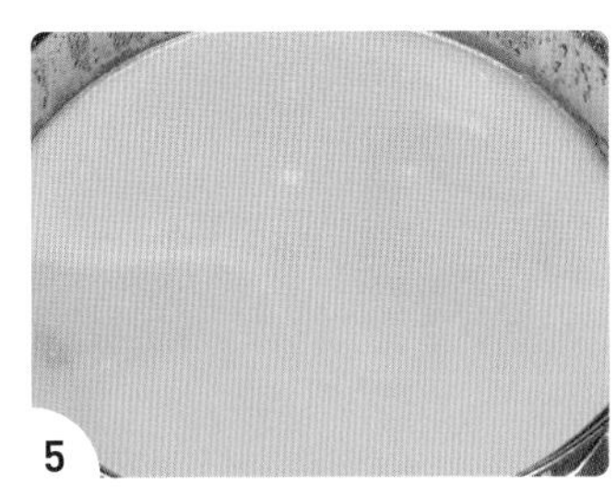


간 찹쌀, 물 500mL를 냄비에 넣고 중불에서 계속 저어 주면서 5분 끓여 주세요.

삶은 팥을 넣고 저어 주면서 5분 끓인 후 기호에 맞게 소금, 설탕을 넣어 주세요.

**point**— 완성된 냄비에 바로 소금, 설탕을 넣지 말고 먹을 만큼 따로 담은 다음에 넣는 것을 추천합니다.

21

# 도토리묵

재료

- 도토리가루 1컵
- 물 6컵(도토리가루와 물의 비율 1:6)
- 소금 ⅓스푼
- 들기름 1스푼

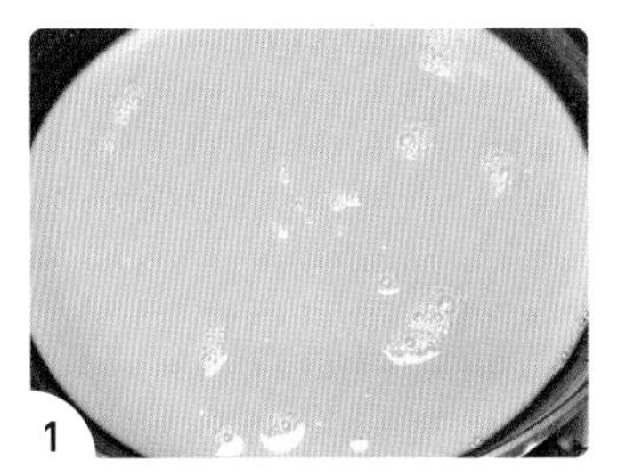

1

냄비에 도토리가루 1컵, 물 6컵을 넣고 불을 켜지 않은 상태로 30분 불려 주세요.

**point—** 도토리가루와 물의 비율이 1:6입니다. 같은 컵으로 계량해 주세요.

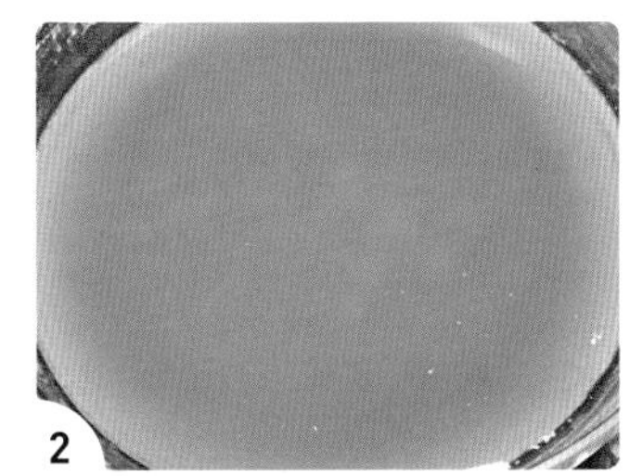

2

30분이 지나면 저어 주고, 중불로 끓여 주세요.

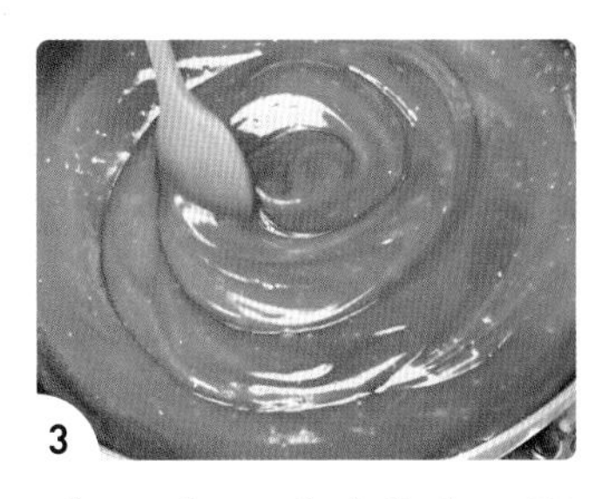

3

어느 정도 되직해지고 끓어오르면 불을 약불로 낮추고, 30분 동안 멈추지 말고 바닥까지 저어 주세요.

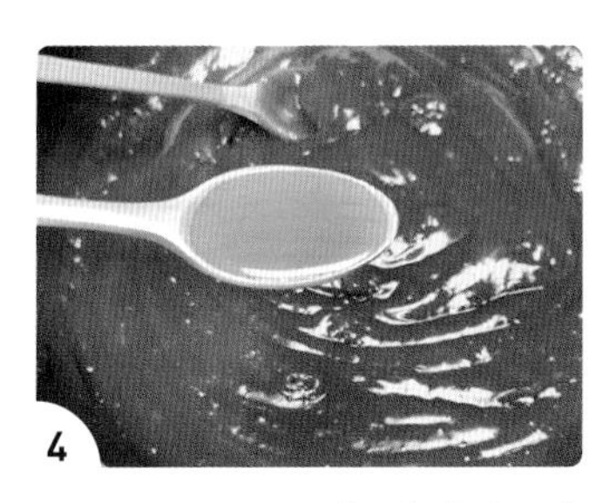

4

30분 중 20분이 지났을 때 소금 ⅓스푼, 25분이 지났을 때 들기름 1스푼을 넣고 계속 저어 주세요.

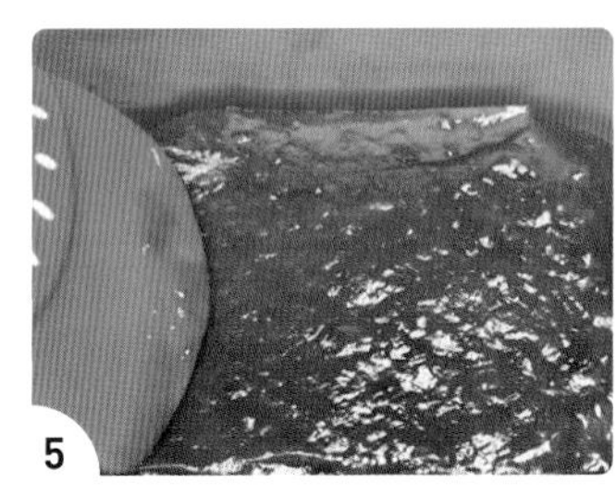

5

총 30분이 지나면 유리 밀폐 용기에 붓고 묵 모양을 잡아 주세요.

6

서늘한 곳에서 1시간 식히고 용기를 뒤집어서 묵을 빼내면 완성입니다.

# 22 도토리빵

**미리 준비하기** 반드시 생막걸리를 사용해야 합니다. 유통기한이 짧은 생막걸리를 준비해 주세요.

**재료**

- 도토리가루 1컵
- 밀가루 2컵
- 생막걸리 1컵(200mL)
- 우유 1컵(200mL)
- 설탕 2스푼
- 달걀 1개
- 소금 ⅓스푼
- 건포도 1스푼
- 옥수수콘 3스푼
- 식용유 조금

1

밀가루 2컵, 도토리가루 1컵, 막걸리 1컵(200mL), 우유 1컵(200mL), 설탕 2스푼, 소금 ⅓스푼, 달걀 1개를 완전히 섞어서 반죽을 만들어 주세요.

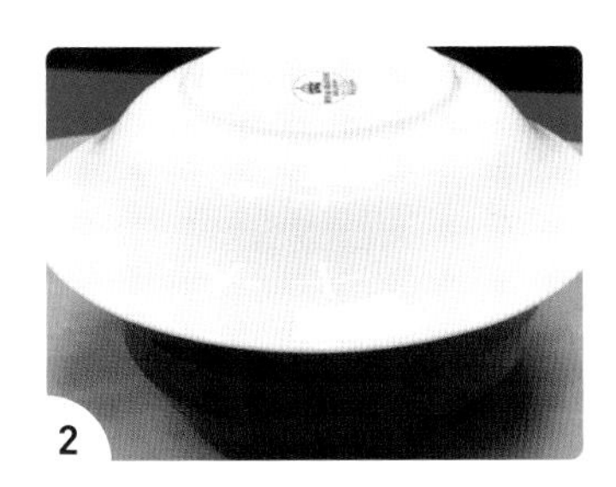

2

그릇으로 덮어서 3시간 동안 발효시켜 주세요.

3

발효시킨 반죽에 옥수수콘 3스푼, 건포도 1스푼을 넣고 섞어 주세요.

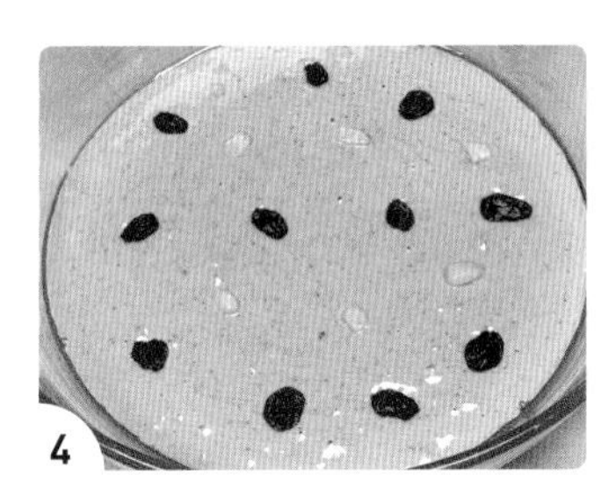

4

내열 용기 안쪽에 식용유를 조금 바르고 반죽을 부어 주세요.

5



랩을 씌우고 전자레인지에 6분 30초 돌려 주세요.

6

겉면을 살살 떼어 내고, 접시에 대고 뒤집으면 완성입니다.

**point**— 빵을 썰 때 칼에 물을 약간 묻히면 잘 썰립니다.

## 23 녹두빈대떡

**미리 준비하기** 녹두를 물에 잠길 만큼 담가 6시간 동안 불려 주세요.
멥쌀 ½컵을 3시간 동안 물에 불려 주세요.
김치 5가닥(150g)을 꾹 짠 다음 자잘하게 썰어 주세요.

재료

- 깐 녹두 340g(2컵)
- 멥쌀 ½컵
- 물 ½컵(믹서기에 사용)
- 대파 1대
- 숙주 200g
- 돼지고기 다짐육 300g
- 김치 5가닥(150g)
- 다진 마늘 1스푼
- 소금 ½스푼
- 식용유 넉넉하게

**밑간**

- 미림 1스푼
- 국간장 1스푼
- 다진 마늘 ½스푼
- 참기름 1스푼

**소스**

- 생수 1스푼
- 진간장 2스푼
- 식초 1스푼
- 설탕 2꼬집
- 양파 ¼개
- 청양고추 ½개

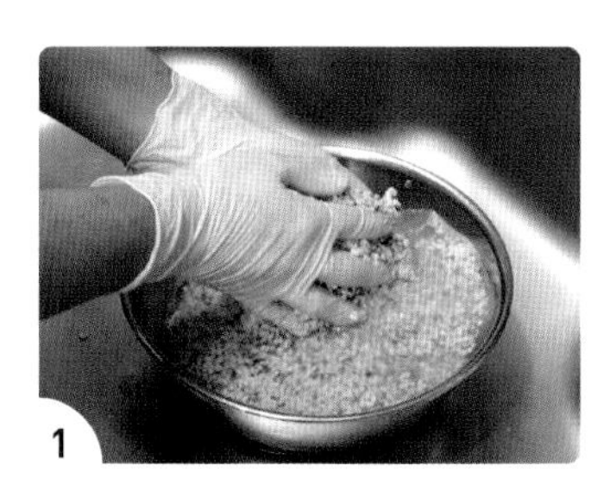
1

불린 녹두를 살살 비벼 가며 세 번 정도 씻으면서 껍질을 걸러 낸 후 채반에 밭쳐 물기를 빼 주세요.

**point**— 녹두 껍질은 완벽하게 제거하지 않아도 됩니다.

2

돼지고기 다짐육 300g에 밑간 재료를 넣고 조물조물 무쳐 주세요.

3

대파 1대, 숙주 200g을 최대한 자잘하게 썰고, 돼지고기 밑간한 곳에 담아 주세요.

**point**— 삶지 않은 생숙주를 사용해야 식감이 좋습니다.

4

준비한 녹두, 멥쌀을 믹서기에 넣고 물을 우선 ½컵만 붓고 갈아 주세요.

**point**— 녹두가 맷돌로 간 것처럼 까실까실하게 살아 있어야 맛있습니다. 조금씩 갈며 점도를 확인하면서 물을 추가해 주세요.

5

밑간한 돼지고기, 간 녹두를 한곳에 담고, 김치 5가닥(150g), 다진 마늘 1스푼, 소금 ½스푼을 넣고 골고루 반죽해 주세요.

6

식용유를 넉넉하게 두른 팬에 반죽을 올려 큼직하게 부쳐 주면 완성입니다. 소스에 찍어 먹으면 녹두빈대떡을 더욱 맛있게 즐길 수 있습니다.

# 24 매실청

미리 준비하기 상처가 난 매실을 골라내 주세요.

재료
- 매실 10kg
- 흰 설탕 10kg(매실과 설탕의 비율 1:1)
- 찜기용 삼베보
- 큰 용기

1 매실 10kg을 물에 20분 동안 담가 주세요. 20분 후에는 면장갑을 낀 상태로 저어 주면서 매실의 잔털을 제거해 주세요.

2 매실을 조금씩 손에 쥐고 흐르는 물에 비비면서 헹궈 주세요.

3 잔털을 제거한 매실을 넓게 깔고, 선풍기로 2시간 동안 말려 주세요.

**point**— 매실을 겹겹이 쌓아서 말리면 물기가 완전히 마르지 않을 수 있습니다.

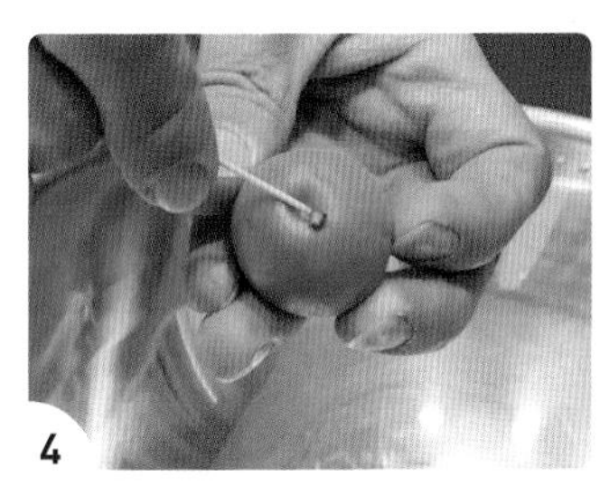

4 말리는 동안 이쑤시개로 매실 꼭지를 하나하나 제거해 주세요.

**point**— 꼭지를 제거해야 떫은맛이 덜하고 건조가 잘됩니다.

5 매실청을 담글 용기에 매실을 조금 담고 매실이 잠길 정도로 설탕을 부은 후 손으로 꾹꾹 눌러 주세요. 통이 가득 찰 때까지 반복해 줍니다.

6 찜기용 삼베보를 덮고 뚜껑을 닫지 말고 살짝 올려놓아 초파리가 들어가지 않도록 해 주세요. 이 상태로 통풍이 잘되는 그늘에서 보관하다가 설탕이 ⅔ 정도 녹으면 주기적으로 저어 주세요.

## TIP | 매실 독성 빼기

매실의 독성이 완전히 사라지려면 1년이 지나야 합니다. 날짜를 표시해 두었다가 1년이 지나면 매실은 건져 내고 매실청만 먹으면 됩니다.

## 25 고추장

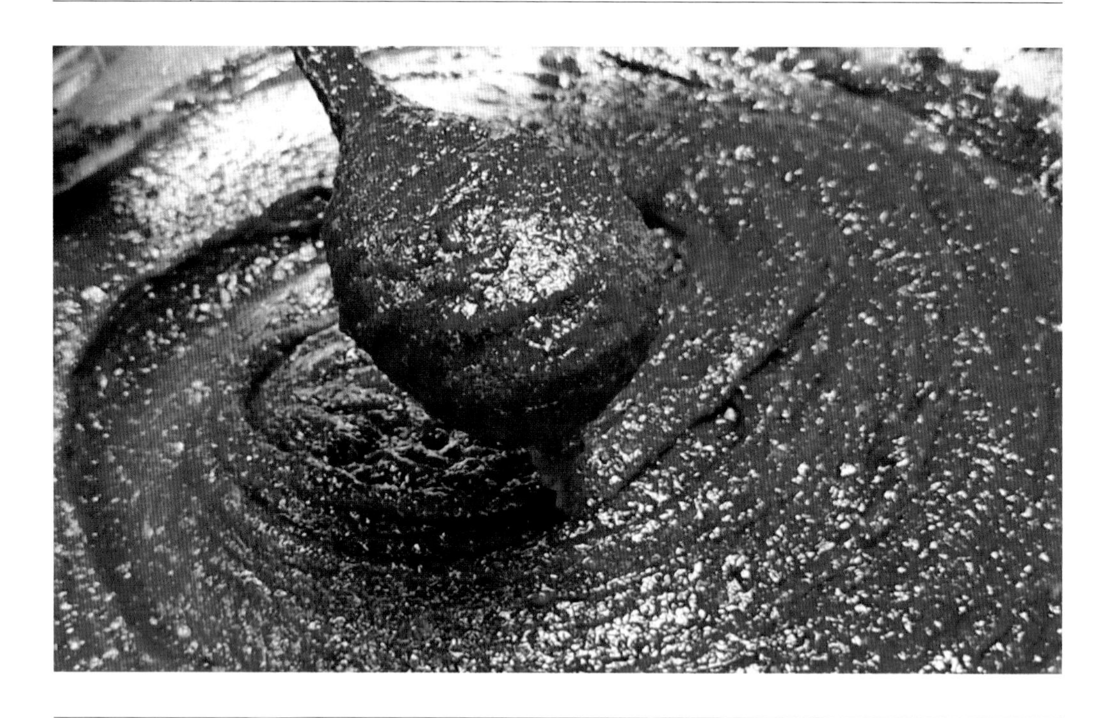

미리 준비하기 찹쌀 200g을 잠길 만큼 물에 담가 3시간 불린 후 물기를 빼 주세요.

재료

- 고운 고춧가루 600g
- 메줏가루 250g
- 소주 ½병
- 조청물엿 750g
- 천일염 2½컵
- 매실청 250g
- 건다시마 15g

**찹쌀풀**

- 찹쌀 200g
- 생수 750mL

1

불린 찹쌀, 생수 750mL를 믹서기에 넣고 완전히 갈아 주세요.

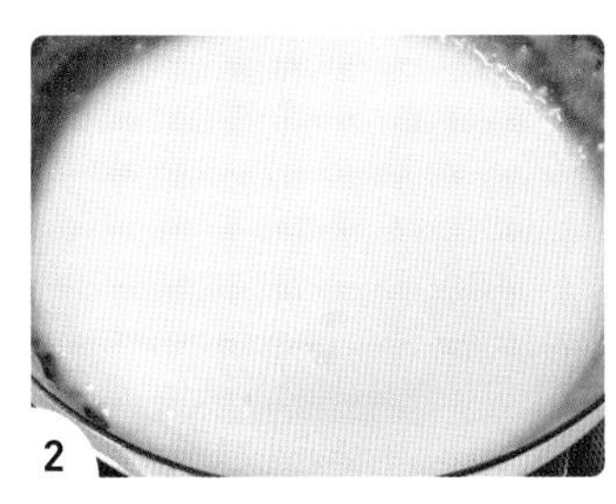

2

팬에 찹쌀 간 것을 넣고 약불로 저어 가면서 찹쌀풀을 만든 후 식혀 주세요.

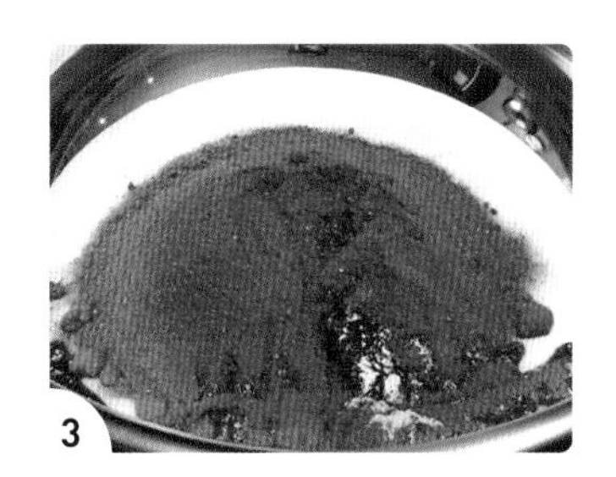

3

고추장을 담글 통에 찹쌀풀, 조청물엿 750g, 천일염 2½컵, 메줏가루 250g, 고운 고춧가루 600g, 매실청 250g을 넣고 1차로 저어 주세요.

4

소주 ½병을 붓고 2차로 저어서 천일염을 완전히 녹여 주세요.

5

보관할 밀폐용기에 고추장을 옮겨 담고, 건다시마 15g으로 덮은 후에 천일염을 조금 뿌려 주세요.

6

햇빛이 잘 드는 곳에서 2~3일 숙성한 다음, 냉장고나 통풍이 잘되는 시원한 곳에 두면 오래 보관할 수 있습니다.

# 26 삶은 감자

재료

- 감자 7개
- 물 1컵(절일 때)
- 천일염 ½스푼
- 뉴슈가 ⅓스푼
- 물 2컵(삶을 때)

필러로 감자 7개의 껍질을 깎고 물로 한 번 씻어 주세요. 껍질에 칼집을 살짝 내고 통째로 삶아도 좋습니다.

물 1컵(200mL)에 천일염 ½ 스푼, 뉴슈가 ⅓스푼을 섞고, 감자에 뿌린 후 20분 절여 주세요.

냄비에 감자와 절인 물까지 넣고, 물 2컵(400mL)을 부어 주세요. 감자가 절반 정도 잠기는 물 양이 딱 좋습니다.

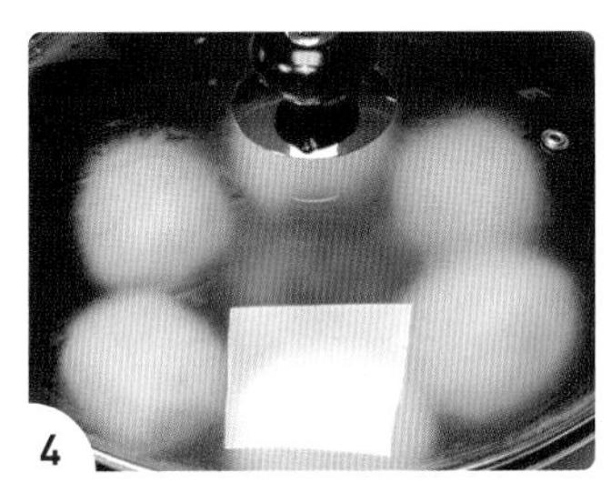


뚜껑을 닫고 물이 끓어오를 때부터 중불로 15분 삶아 주세요.

15분이 지나면 감자를 한 번 뒤집어 주고, 다시 뚜껑을 닫고 중불로 10분 삶아 주세요.

완성된 감자를 냄비에서 떼굴떼굴 굴려 주면 분이 나와서 더 맛있어집니다.

# 27 당근 주스

재료

- 당근 1개(280g)
- 토마토 3개(430g)
- 올리브유 2스푼
- 요구르트 2개

토마토 3개(430g)의 꼭지를 떼고 윗부분에 십자 모양으로 칼집을 내 주세요.

끓는 물에 토마토를 넣고 40초 데친 후 찬물에 식혀 주세요.

당근 1개(280g)를 적당하게 썰고 찜기에 올려 5분 쪄 주세요.

**point**— 당근을 찐 후에 갈아서 먹으면 베타카로틴의 체내 흡수율이 더 높아집니다.

식힌 토마토의 껍질을 손으로 벗기고 믹서기에 갈기 좋게 4등분해 주세요.

5분 동안 찐 당근을 식힌 다음 토마토와 함께 믹서기에 넣어 주세요.

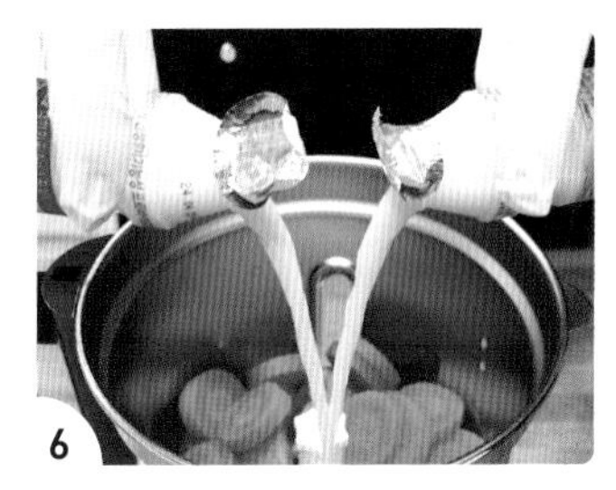


요구르트 2개, 올리브유 2스푼도 함께 믹서기에 넣고 갈아 주면 완성입니다.